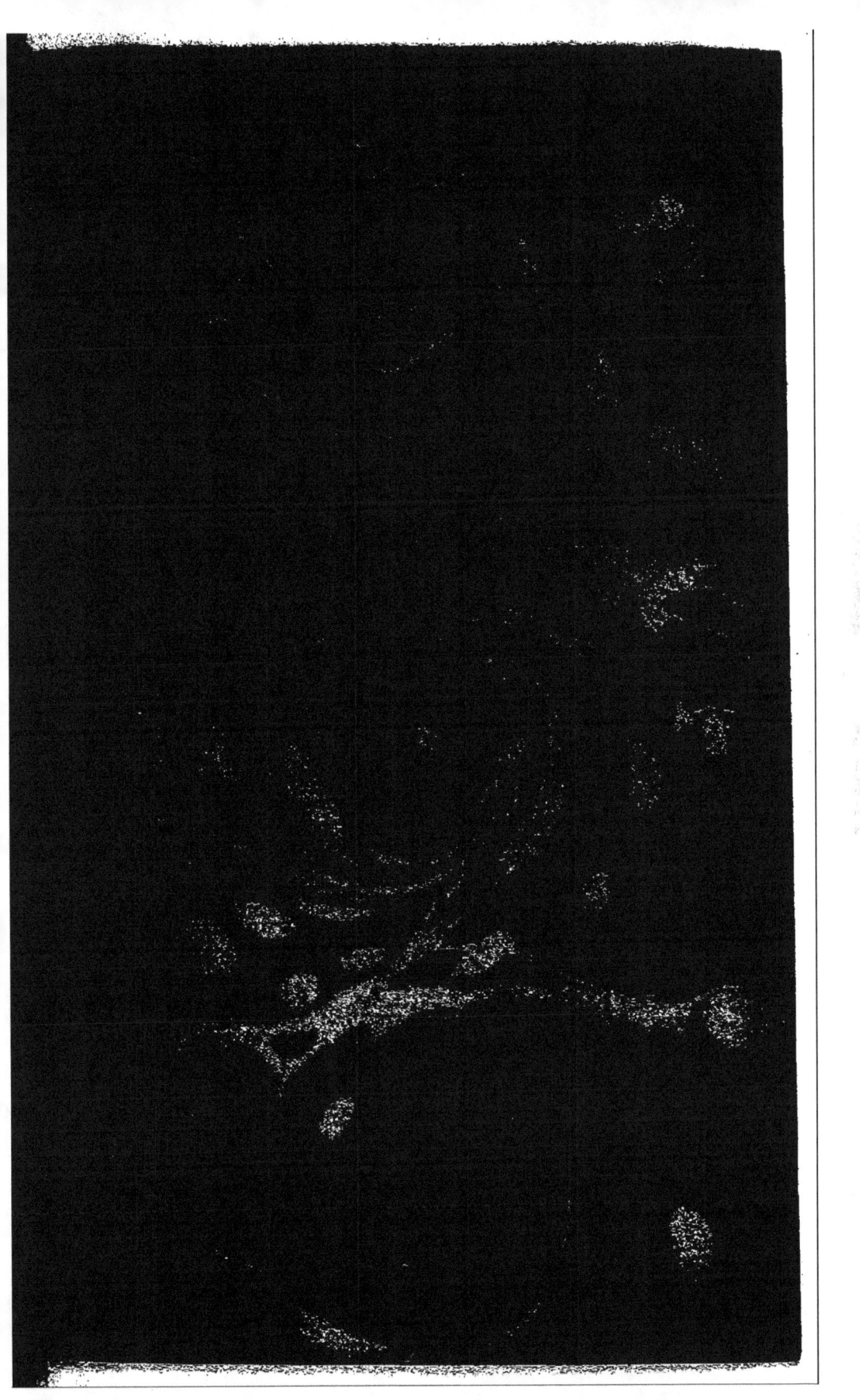

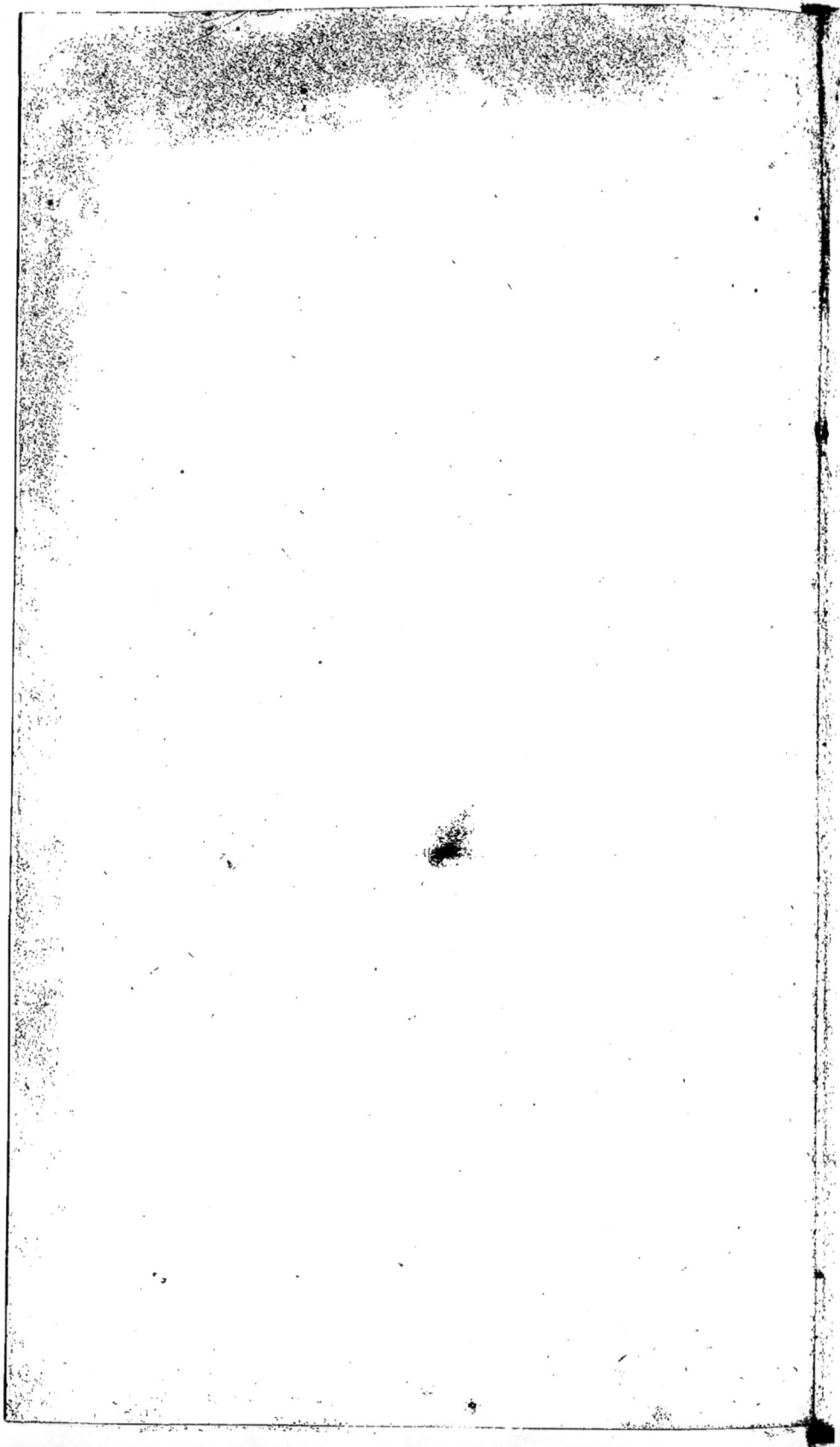

HISTOIRE
NATURELLE
DE LA FRANCE
MÉRIDIONALE.

TOME QUATRIEME.

Contenant la Chronologie physique des Volcans éteints de la France méridionale.

Tom. IV.   Λ

AVERTISSEMENT
DES LIBRAIRES.

On a séparé de l'*Histoire Naturelle de la France Méridionale*, la CHRONOLOGIE PHYSIQUE DES VOLCANS ÉTEINTS ; elle forme un petit volume qu'on vend séparément, sous le même privilège & chez les mêmes Libraires.

CHRONOLOGIE
PHYSIQUE
DES ÉRUPTIONS
DES VOLCANS ÉTEINTS
DE LA FRANCE
MÉRIDIONALE,

DEPUIS celles qui avoisinent la formation de la terre, jusques à celles qui sont décrites dans l'Histoire.

Non ipse ex se est sed in aliquâ infernâ valle conceptus exestuat & alibi pascitur ; in ipso monte non alimentum habet sed viam.
SENEQ. EPIST. 79.

Par M. l'Abbé GIRAUD-SOULAVIE

Avec cinq Planches.

A PARIS,

Chez
- J. FR. QUILLAU, Libraire, rue Christine, au Magazin Littéraire.
- MÉRIGOT l'aîné, Quai des Augustins, près le Pont-Neuf.
- BELIN, rue Saint-Jacques.

M. DCC. LXXXI.

AVEC APPROBATION ET PRIVILÉGE DU ROI.

REMARQUES

PRÉLIMINAIRES

S U R

LA CHRONOLOGIE

PHYSIQUE

DES VOLCANS ÉTEINTS

DE LA FRANCE

MÉRIDIONALE.

CHAPITRE PREMIER.

La simple description des productions de la Nature, & la nomenclature des individus, ne sont pas l'objet exclusif de l'Histoire naturelle. L'Histoire des es-

A 3

pèces, *leur Géographie, leur Chrono-*
logie physique, font le complément de
cette science. Importance de ces deux
branches de l'Histoire naturelle. Elles
offrent les domaines naturels des espèces
dans les trois règnes. Elles nous font
connoître les anciens âges du monde
physique. Elles élèvent l'esprit de l'Ob-
servateur, & incitent à étudier la Na-
ture.

1591. NOUS arrêtons ici nos pas,
& nous suspendons nos
courses sur les montagnes
pour méditer sur les vestiges de leurs
anciens incendies, sur les diverses posi-
tions de leurs laves, & sur les variétés
de nos observations : les descriptions mi-
nutieuses & détaillées du Voyageur re-
tréciffent l'esprit, la réflexion seule l'é-
léve, l'étend & l'éclaire ; sans elle les
petits faits subalternes ne prouvent rien ;
mais en les comparant, la chronologie
des faits succède à la topographie ; car

dans l'Hiſtoire naturelle, comme dans l'Hiſtoire morale, il exiſte une Géographie & une Chronologie, des médailles & des monumens, & un art inconnu, plus ſublime encore, L'ART DE VÉRIFIER LES DATES PHYSIQUE ET LES ÉPOQUES DE LA NATURE.

1592. Dans l'âge le plus brillant de la Monarchie Françoiſe, dans cette circonſtance du règne de Louis XIV, où tous les ordres de la Nation furent éclairés de nouvelles lumières, la légiſlation établit le Contrôle des actes; on ouvrit des régiſtres publics où les Notaires furent obligés d'inſcrire la date des contrats.

Depuis cette inſtitution, les Notaires ne peuvent fabriquer des actes clandeſtins; ce regiſtre public & général aſſure la fortune des Citoyens; tant que les regiſtres des contrôles ſubſiſteront, on pourra vérifier l'authenticité des originaux, des actes & des extraits. Ils préſenteront à jamais l'époque préciſe de ces contrats; toujours ils ſerviront de pièce juſtificative de tous les pactes privés de

A a 2

la société, & ils conferveront perpétuellement le témoignage de la date & de
la fucceffion comparée des contrats des
Citoyens.

1593. Il exifte de même dans la Nature des regiftres de contrôle qui placent
les faits fucceffifs du monde phyfique
dans leur ordre naturel, & qui démontrent la vérité des périodes & des âges
divers de la Nature. Les volcans, qui
ont rompu toutes les efpèces de couches
de la terre anciennes & modernes, qui les
ont criblées de bouches ignivomes, qui
ont percé le fond du baffin des mers &
les continens, qui ont répandu des laves
au niveau des mers & fur des lieux élévés de mille toifes fur ce niveau ; qui
ont enfanté à travers des atterriffemens,
à travers des roches coquillières, ou des
granits, ou des fchiftes, tous ces volcans
& leurs produits, placés aujourd'hui dans
une certaine pofition, font ces regiftres
curieux du contrôle de la Nature ; &
l'étude de ces monumens eft *dans l'ordre
des minéraux* LE VÉRITABLE ART DE VÉ-
RIFIER LES DATES DE LA NATURE, comme

l'étude des roches herborifées ou coquillières eft l'ART DE VÉRIFIER LES DATES
ET LES ÉRES DE L'HISTOIRE ANCIENNE
DES ÊTRES ORGANISÉS, *dans l'ordre du
monde vivant.* Nous donnerons dans la
fuite les principes de cette nouvelle branche de l'Hiftoire naturelle ; la feule
Chronologie minéralogique nous occu-
pera dans ce volume.

1594. L'Hiftoire naturelle n'eft donc
point bornée à la fimple defcription des
faits qui fe paffent actuellement fous nos
yeux, encore moins eft-elle circonfcrite
dans la froide nomenclature de fes productions. On peut, après une grande collection de faits, s'élever jufque dans l'antiquité des temps, écrire l'Hiftoire des
premieres périodes, dire ce que fut la
Nature par ce qu'elle eft aujourd'hui, &
augmenter, par cette nouvelle méthode,
la fomme de nos connoiffances, en va-
riant les afpects fous lefquels elle fe préfente aux regards des Obfervateurs.

1595. Que font de vieilles roches tombant en vétufté, des abymes creufés par
les eaux courantes, des atterriffemens dé-

combres des ouvrages plus anciens de la Nature, des volcans & des fleuves de feu aujourd'hui refroidis sur la surface de la terre, des empreintes de plantes, de coquilles pétrifiées ; si l'Observateur ne sait développer leur chronologie, af-signer leur époque de formation respec-tive, débrouiller ces vieilles chartres du monde & la succession des faits physi-ques, comme l'Érudit forme une chro-nologie des gestes d'un peuple en com-parant les actes des archives de la Na-tion.

1596. Les forces premières & les loix physiques générales ne varient jamais. Ce qui s'opère aujourd'hui & dépend de leur énergie s'est opéré dans tous les temps : il est possible, en examinant les grands faits modernes les plus généraux, de s'élever jusques aux premiers ouvra-ges semblables ; on arrive alors aux der-niers départemens de l'Histoire naturelle où tant de beaux génies ont erré.

1597. Le monde physique, comme le monde moral, a éprouvé des révolutions. Les montagnes escarpées offrent seules

les inscriptions de ces faits, comme nos antiques édifices offrent des signes représentatifs des révolutions morales, des batailles, des conquêtes : le Naturaliste qui admire & décrit, & ne passe point au-delà, est comparable à l'esclave Dessinateur qui copie des ruines d'antiques monumens sans nous dire ce qu'ils ont été.

1598. L'Archiviste de la Nature a des vues plus élevées; une coulée de laves est sans doute l'ouvrage d'un volcan: mais peu satisfait de cette découverte qui prouve peu de chose, il observe si cette coulée n'est point avoisinée, ou posée sous une carrière coquillière.

1599. Dans ce dernier cas, il dit: voilà des effusions volcaniques, elles sont couvertes d'une carrière que la mer a formée ; cette carrière a été excoriée après la retraite de cette mer par l'action rongeante des eaux des fleuves qui ont déposé ces coquillages fluviatiles ; alors il conclud les vérités suivantes:

1600. 1°. Des volcans sous-marins ont agité cette contrée ; 2°. la mer l'inondoit

pendant leurs éruptions ; 3°. elle s'eſt
retirée ; 4°. les eaux pluviales ont rongé
ce terrein récemment découvert ; 5°. elles
ont ont formé des cailloux roulés ; 6°. des
coquillages fluviales ont vécu & ſe ſont
propagés dans cette vallée.

Trois obſervations locales ont offert
ainſi au génie ſept faits ſéparés, & une
partie de la Chronologie de la Nature
dans cette contrée.

1601. Ces petites obſervations locales
ne ſont rien, & ces réſultats ſont bien éloignés encore des conſéquences majeures
dont l'enſemble doit former une hiſtoire
complette des anecdotes de la Nature ;
il y a loin de ces faits ſubalternes à la
ſérie des faits mutuellement enchaînés
& ſucceſſifs qui rempliſſent l'eſpace des
temps, depuis le chaos primordial, juſques aux faits qui ſe paſſent, de nos
jours, ſous les yeux des Obſervateurs.

Nous ne nous éléverons vers ces faits
primitifs qu'après avoir obſervé, par
piéces détachées, les diverſes opérations
de la Nature : mais nous croyons, dans
ce moment, avoir obſervé avec des détails

affez circonftanciés les volcans éteints de nos contrées méridionales de la France, pour expofer fous les yeux de nos Lecteurs la chronologie de leurs éruptions : les obfervations qui en font la bafe ont été faites dans des contrées dont je donne la carte : chaque époque préfentera fes volcans. Je tranfporte pour ainfi dire dans les cabinets des Capitales les régions que j'ai obfervées, en donnant les plans de ces monumens en relief, en carte géographique & en tableau. La vérité des faits eft éternelle ; & comme je garantis celle des cartes & des deffeins, je fuis intimement perfuadé de pofer pour fondement de mes réfultats, des vérités & des faits que j'invite tous les Naturaliftes à vérifier encore.

1662. Mon but, dans cette partie de mon Ouvrage, eft donc de rapprocher toutes les obfervations que j'ai faites fur les volcans de la France méridionale, de dreffer un feul corps d'Hiftoire de toutes les Hiftoires féparées des volcans que j'ai décrits en détail ; d'affigner à chacun fa place chronologique dans les faftes de

la Nature, me préparant ainſi à joindre
dans la ſuite cette chronologie des opérations de l'élément igné, à celles, par
exemple, de l'élément aqueux, comme
l'Hiſtorien politique pourroit joindre la
chronologie des faits moraux de la France
& de la Grande-Bretagne, on obſervant
leur mutuelle influence.

CHAPITRE II.

Exposition des trois méthodes nécessaires à l'étude chronologique des volcans. Première méthode fondée sur la superposition des masses. Seconde méthode fondée sur l'état de conservation ou de destruction des traces des volcans. Troisième méthode fondée sur l'élévation des fondemens de la montagne ignivome au-dessus du niveau actuel de la Méditerranée.

DE LA PREMIERE MÉTHODE.

1603. LA superposition des carrières hétérogènes offre des faits si lumineux dans l'Histoire chronologique, & les résultats en sont si certains, que je pose ici en forme d'aphorismes, ou de principes, toutes les variétés des superpositions que j'ai observées dans l'ordre des volcans.

I°. Toute coulée de lave posée au-deſſous d'une autre coulée, appartient à une éruption antérieure dans l'ordre des temps.

1604. II°. Toute coulée de lave poſée ſous une couche coquillière, ou mêlangée avec des ſubſtances calcaires, annonce un volcan ſous-marin, qui eſt antérieur, dans l'ordre chronologique, à la formation des roches coquillières ſupérieures.

1605. III°. Toute coulée de volcans qui eſt ſituée ſur une roche calcaire ou granitique, annonce l'exiſtence antérieure de ces roches granitiques & calcaires.

1606. IV°. Lorſqu'une coulée eſt ſituée ſur un terrein ſchiſteux, avec empreintes des plantes terreſtres, on doit croire que l'empire végétal floriſſoit dans ces contrées avant que les effuſions volcaniques les euſſent inondées de fleuves de laves ardentes.

1607. V°. Dans ce dernier cas on ne peut dire raiſonnablement que ce volcan fût ſous-marin.

1608. VI°. Enfin lorſque je vois un poudingue

poudingue formé de petits cailloux roulés, granitiques, quartzéux, bafaltiques, calcaires, &c. ce poudingue étant un ouvrage des eaux courantes, je puis établir, en bonne logique, la vérité fuivante, & l'exprimer en ces termes. Les anciens volcans ayant étendu leurs laves fur divers terreins, les eaux courantes ont détruit & le terrein & les laves; elles ont arrondi leurs détrimens; elles les ont aglutinés, & les opérations du feu ont été ainfi remaniées par les eaux dans un âge plus moderne, le poudingue granitique, calcaire & volcanifé en eft la pièce juftificative.

1609. Le feul expofé de ces vérités fuffit pour affigner dans les faftes du monde phyfique les éruptions des volcans parmi les plus grands faits de la Nature, & les fuperpofitions des maffes montrent l'activité de plufieurs volcans dont on doit placer l'époque, tantôt après la formation des roches granitiques primordiales, & tantôt à cette époque où la mer formóit des couches coquillières; elles appartiennent quelque-

Tom. IV. B

fois à cet âge où ces contrées montagneuses , déja élevées au-deſſus du niveau de la mer , nourriſſoient des plantes
aujourd'hui empreintes ſur des ſchiſtes
poſés ſous la lave. La comparaiſon des
laves avec les roches diverſes qui les
contiennent, eſt donc le véritable art de
vérifier les dates de la Nature.

Tel eſt l'expoſé de ma première méthode : elle m'a conduit juſques aux éruptions primordiales des volcans de la France
méridionale.

SECONDE MÉTHODE.

1610. La ſeconde méthode n'eſt point
ſuſceptible , je l'avoue ſincerement, d'une
pareille certitude , & les réſultats qu'elle
donne ne méritent point également la
confiance de l'Archiviſte de la Nature :
dans la première méthode, la ſuperpoſition des couches annonçoit des faits néceſſairement ſucceſſifs entre eux ; ces
faits formoient une chronologie.

1611. Mais tous les volcans n'offrent
pas de ſuperpoſitions : alors on ne peut
comparer leur date reſpective.

Tels, par exemple, les reftes de laves
ifolées, fitués fur des pics inacceffibles,
fans cratères, fans coulées & fans courans;
ces monumens folitaires n'offrent alors
qu'un fait dans l'ordre chronologique: on
peut dire d'eux, voilà les reftes d'un volcan; mais la place chronologique ne
peut être fixée par cette obfervation
unique.

1612. Il faut alors avoir recours à la
force univerfelle de la Nature qui détruit
& corrode, tranfporte & efface fes pro-
pres travaux fur la fuperficie de la terre;
il faut, lorfqu'on ne peut deviner la chronologie par des faits, & par la fuperpofition des maffes, la deviner par les degrés plus ou moins confidérables de deftruction.

Par exemple, c'eft un fait que les
vallées ont été excavées fur la furface
du fol de la terre par l'action des rivières
& des eaux courantes. Il eft avéré encore
que les atterriffemens fluviatiles font les
monumens de cet ouvrage. Deux fommets de montagnes voifines, d'après ces
obfervations, ont donc été néceffaire-

ment contigus, la vallée intermédiaire a
été formée postérieurement.

1613. Si je trouve donc sur un plateau
supérieur des montagnes une grande
coulée basaltique sans interruption, homogène dans toute sa masse, sans superposition d'aucune autre carrière, je dirai : voilà l'effusion d'un volcan dont je
ne puis assigner l'époque respectivement
à l'époque connue de plusieurs autres ;
je ne puis affirmer alors si ses forces ont
agi avant celles du volcan voisin avec
lequel il n'a aucune liaison qui détermine
son antiquité comparée.

1614. Mais si je découvre sur ce plateau un petit sillon, si je vois un ruisseau
promener ses eaux dans cette petite vallée, si je trouve des cailloux basaltiques
arrondis par le roulis, je dis alors : les
loix des fluides m'apprennent qu'un courant de laves incandescentes, étendu sur
une grande plaine, s'y dispose en sens
horisontal ; cette vallée creusée dans la
lave est l'ouvrage de l'eau qui ronge, à
la longue, tous les terreins, & ces petits
cailloux roulés basaltiques sont les mo-

numens de ces opérations de l'élément liquide.

1615. Si je parcours le ruisseau depuis sa source jusques à son embouchure dans la rivière voisine, & si je trouve que sa vallée devient toujours plus profonde, qu'il se jette de petits ruisseaux latéraux dans le premier, que la couche basaltique supérieure a été tellement usée que le granit fondamental devient visible, si un peu au-dessous je trouve enfin des cailloux roulés granitiques & des cailloux roulés basaltiques, je dis alors : la cause ayant augmenté, la quantité d'eau courante ayant doublé, ses opérations doivent être doubles; aussi la vallée est-elle deux fois plus large & plus profonde : alors je tire cette conclusion.

1616. Donc la formation de la vallée est postérieure à l'effusion basaltique volcanique qui couvre le plateau supérieur de la montagne.

Or si j'observe dans cette même vallée une coulée de laves basaltiques, je compare ce fait avec le résultat précédent, & je dis :

B 3

Cette énorme coulée volcanique, affise fur les fommets, appartient à la plus ancienne éruption, la vallée a été formée à fes dépens par les eaux, un volcan poftérieur s'eft fait jour dans la vallée inférieure dans des tems plus modernes.

On voit ainfi, que le défaut des faits pofitifs, tels que la fuperpofition des couches, peut-être fuppléé par des obfervations négatives qui conduifent aux mêmes réfultats.

1617. Telle eft l'hiftoire de la méthode que nous avons fuivie dans l'étude des chroniques phyfiques de la Nature dans nos contrées méridionales; nous avons cru devoir les expofer ici fous les yeux du Lecteur, parce qu'il exifte une claffe d'Amateurs qui n'ayant jamais obfervé ces tableaux, ni réfléchi fur les idées qu'ils infpirent en les comparant, font pleins de défiance à la feule dénomination d'un objet que leur regard ne peut embraffer dans toutes fes parties.

TROISIEME MÉTHODE.

Enfin nous avons une troifième méthode pour diftinguer les volcans les plus antiques de ceux qui ont répandu leurs produits dans les âges modernes.

1618. Tous les Naturaliftes avouent aujourd'hui que la mer baigne la bafe des montagnes volcanifées, on eft affuré que prefque tous les volcans font fitués, ou à l'extrémité des continens, ou dans des îles.

On fait, d'un autre côté, que la mer a fubmergé les montagnes les plus élévées ; j'ai décrit d'anciens volcans éteints, fitués fur ces hauteurs.

Il faut donc croire que les eaux de la mer ayant baigné ces lieux élévés, attifoient auffi ces antiques volcans comme elles attifent ceux qui les avoifinent aujourd'hui, & qui font fitués au même niveau.

1619. A mefure donc que les eaux ont diminué des hauteurs, & qu'elles ont laiffé paroître hors du fein de l'élément liquide les hauteurs continentales, les volcans ont agi les uns après les autres, à compter des plus élévés vers les plus bas.

B 4

1620. Il faut donc en général que la grande partie des volcans, dont la base fondamentale eſt la plus élevée, ſoient auſſi les plus anciens, & que ceux qui ſont les plus bas ſoient les plus récens, à moins qu'ils n'ayent été ſous-marins; car l'élément aqueux, remué périodiquement juſqu'au fond de ſon baſſin, eſt un des plus puiſſans deſtructeurs qu'on connoiſſe dans la Nature.

Telle eſt la troiſième méthode qu'on peut ſuivre dans l'Hiſtoire chronologique des volcans éteints. Elle eſt encore moins certaine que la ſeconde, parce qu'il exiſte un ou deux volcans connus ſur la ſurface de la terre qui ſont éloignés des mers; d'ailleurs nous avons décrit des incendies volcaniques, connus par l'Hiſtoire, & fixés à un âge où la mer étoit bien éloignée de nos montagnes Cevenoles & Vivaroiſes.

La ſeule obſervation des ſuperpoſitions des carrières hétérogènes eſt ſuſceptible d'une démonſtration la plus rigoureuſe, je me prépare à ſoutenir les conſéquences qu'elle m'a offert; je ne crois pas cependant que les résultats , même de cette nature , soient adoptés de tous les Amateurs d'Histoire naturelle. Ceux, par exemple , qui étudient la Nature dans les Capitales , le vulgaire des Phy-siciens, tous ceux en général qui jugent de la Nature par les petits objets qui font de la dépendance du goût, du tact , de l'odorat , ne voudront point suivre la marche de la Nature dans les périodes que nous effayerons d'affigner : mais fa-tisfait du jugement des vrais Scrutateurs de la Nature , qui ont toute la force d'efprit néceffaire pour bien obferver & pour déduire enfuite quelques vérités des obfervations , nous bornons notre ambition à mériter leur fuffrage.

Il eft encore une autre efpèce de Lec-teurs qui rejettent un grand nombre des vérités qui dépendent de la méditation & de la combinaifon des faits ; tels les Amateurs de claffes & de nomenclature ; tout ce qui n'eft point à la portée de leurs yeux , tout ce qui eft plus grand qu'un échantillon, les effraie ; une ré-flexion quelconque eft pour eux une

idée gigantefque & l'ouvrage d'une tête
fyſtématique : attachés à la fimple defcription, à la comparaiſon, ou tout au
plus à l'invention des claſſes & des méthodes arbitraires, vraies chimères dans la
Nature, les ouvrages des Guettard, Deſ-
mareſt, de Luc, de Sauſſure, Beſſon, Faujas, Monnet, &c leur offrent une nature
différente de celle qu'ils ont conçue : ils
liſent leurs ouvrages, leurs idées ne s'y
trouvent pas, & ils placent les réſultats
qu'on peut en tirer dans le rang des ouvrages ſyſtématiques.

J'avoue qu'il eſt en Hiſtoire naturelle
des queſtions relevées qui ſont de vrais
ſyſtêmes pour ces ſortes de perſonnes ;
les plus étonnantes découvertes ont d'a-
bord été ainſi reçues : par exemple, lorſque M. de Buffon annonça que la mer
avoit formé les plus hautes montagnes
calcaires, des Savans, des Amateurs, &
même des Ecrivains diſtingués s'élevèrent
contre cette grande vérité. Voltaire lui-
même ſe joua de cette nouvelle philoſophie : *on eſt allé*, dit il, *juſqu'à prétendre
que les montagnes ont été formées par la*

mer, ce qui eſt auſſi vrai que de dire que la mer a été formée par les montagnes. Alors on ſe débattoit contre une vérité qui ayant été confirmée par tant d'obſervateurs, & prouvée par des faits auſſi variés, eſt adoptée aujourd'hui par tous les Naturaliſtes raiſonnables. Que n'a-t-on pas dit contre la découverte des volcans éteints dans nos régions méridionales, & que ne diſent pas, dans cès contrées ceux qui, ſans être initiés dans la Minéralogie, veulent raiſonner ſur ces matières.

Les ſciences comptent une autre eſpèce d'ennemis qui ont ſouvent oppoſé divers obſtacles à leurs ſuccès. Il a fallu, par exemple, quatre voyages au tour du monde pour démontrer enfin l'exiſtence des Antipodes. La rotondité du Globe, ce premier principe de la Coſmogonie, n'étoit pas même, diſoit-on, intelligible. Le mouvement de ce Globe autour du ſoleil fut honni, dans la ſuite, comme contraire à la ſaine phyſique: on a ſucceſſivement proſcrit, toléré, adopté les idées innées Carthéſiennes : elles ont été bannies enfin par une logique plus épurée, après tous ces jugemens contradictoires.

Cette variation étonnante fur les premiers principes de la Cofmogonie, de l'Aftronomie & de la Métaphyfique nous montre combien les découvertes qui dérangent les idées du vulgaire éprouvent d'abord de contradictions ; elle femble exiger une grande prudence dans les jugemens que la poftérité défavoue. Ce qui paffoit pour inintelligible, fyftématique ou téméraire, devient clair & fimple par l'obfervation : dans cette circonftance les Auteurs des découvertes, fouvent perfécutés, ne font plus; mais ils ont vécu avec le fentiment intérieur de la bonne foi, & dans la croyance des vérités qu'ils ont enfeignées aux hommes. Plus ils éprouvoient d'obftacles, & plus ils s'élevoient contre l'infortune. Le fentiment d'une telle perfuafion, & d'une fierté fi énergique, eft bien plus fatisfaifant que les fuffrages du moment dont on ne peut difpofer, & qui ne font recherchés que par le vulgaire des Ecrivains qui n'ont pas d'autres jouiffances.

Les Plagiaires & les Compilateurs enfin font le dernier fléau des progrès dans les fciences exactes ; nous donnerions ici les motifs qui nous portent à croire combien ils font nuifibles fur-tout aux fciences qui, comme l'Hiftoire naturelle, font encore dans l'enfance ; mais notre ouvrage doit être terminé par un chapitre intitulé l'*Art de découvrir les diverfes efpèces de plagiats en Hiftoire naturelle*, comme je l'ai annoncé dans le Journal de Phyfique du mois de Juillet 1780.

Voilà l'énumération des ennemis de la fcience. Ils femblent s'être ligués dans tous les temps contre l'obfervation & fes réfultats, & fur-tout contre les productions de la réflexion & du génie.

Fig. 1.

Fig 2.

VOLCAN DE LA SECONDE & TROISIEME EPOQUE

HISTOIRE
NATURELLE
DES VOLCANS ÉTEINTS
DE LA PREMIERE ÉPOQUE.

CHAPITRE PREMIER.

Etat du globe terrestre avant l'éruption des plus anciens volcans. Description des premières scissures formées dans la roche vive, granitique & fondamentale des volcans. Les mouvemens de trépidation imprimés dans les vieilles roches par les forces souterreines expulsives, forment ces scissures. Des effusions de lave comblent ces filons. Le temps & les agens de la Chimie naturelle détruisent les vol-

*cans de première date. Les eaux entraî-
nent tous les cratères & leurs courans
de lave. Les filons basaltiques incruſtés
dans la vieille roche granitique, triom-
phent seuls de ces révolutions. Ils conſervent la mémoire de ces éruptions les
plus anciennes. Noms de quelques volcans auxquels il faut aſſigner la première place dans l'ordre chronologique.
Deſcriptions de leurs veſtiges. Explication de la figure qui repréſente ces
volcans de première date. Comparaiſon
de ces volcans primitifs aux anciens
monumens dont il ne reſte que les fondemens profondément enfouis dans la
terre.*

1621. OUR avoir une idée claire
des plus antiques périodes
pendant lesquelles la terre
enfanta les premieres ſubſtances enflammées, il faut d'abord faire abſtraction
de tous les événemens ſecondaires du
monde phyſique, dépouiller les montagnes primitives de toutes les envelop-
pes dont elles ſont revêtues, & de tous
les

lesamas de poudingue, ou de terre végétale qui les couvrent aujourd'hui.

1622. Enfuite il faut rejoindre en efprit tous leurs fommets fourcilleux &
arides, féparés par de profondes fciffures & par des vallées du premier ordre,
& s'imaginer que pendant cet âge primordial, les eaux courantes n'avoient point
encore fillonné la furface du Globe.

Les mouvemens de trépidation imprimés dans cette vieille roche agitée de
volcans inteftins, opérerent d'abord des
difruptions dans ces maffes folides ; l'explofion volcanique fouleva ces premieres
carrieres ; des fleuves de lave s'étendirent
fur cette furface encore toute neuve ;
ils en remplirent les gerçures & tous
les vides creufés dans la roche vive granitique fondamentale, à-peu-près comme
la mine remplit un filon ; tandis que les
forces projectiles formoient des bouches
ignivomes, des cratères & des courans fur
la furface de la terre.

1623. Bientôt ces ouvrages externes,
ces bouches faillantes de l'élément igné,
abandonnés aux injures des autres élé-

Tom. IV. C

mens, furent foumis à leur action deftructive; dès-lors les eaux courantes dé-
mantelerent peu-à-peu l'enfemble de ces
montagnes volcaniques de première date,
elles les abbaifferent & les entraînerent
par dégrès, elles uferent le vif de la pierre
fondamentale, & formerent des vallées
au détriment de la roche folide, qui fut
changée en pays montagneux, excoriée
de mille vallées, & hériffée de pics.

1624. Alors toute matière volcanifée
fut déblayée, tous les courans de lave furent remués par les eaux courantes fluviales, & l'enfemble extérieur des volcans
pofés fur la roche vive furent ruinés
pour jamais, comme les anciens monumens des Romains l'ont été dans plufieurs
contrées où ils avoient étalé leur fafte.

1625. Les feuls filons de lave bafaltique
bien enracinés dans le corps de la montagne fracturée, & confervés dans fon fein,
auffi folides que la montagne même, ont
réfifté à cette injure des temps ; tandis
que toute la lave fuperpofée a été entraînée. Tels ces antiques monumens dreffés
par la main des hommes, tout ce qui eft

faillant hors du fein de la terre dépérit
à la longue ; mais les fondemens enfoncés
au-deffous fe confervent, après les révolutions qui renverfent à la longue les
monumens du fafte des Nations, ou de
l'orgueil des Conquérans.

1626. Jettez les yeux fur le tableau le
plus expreffif de ces vérités : deux montagnes (*A & B. Planche I. Fig. I.*) l'une
& l'autre granitiques , ou plutôt deux
énormes & vieilles roches toutes pélées,
fituées en Vivarais, dans les Boutières,
mandement de Saint-Andéol de Four-
chade, font féparées par une large & profonde vallée creufée par les eaux. La montagne B fendue en plufieurs endroits,
laiffe appercevoir un filon de lave bafaltique qui remplit toute la fciffure , qui
accompagne toutes fes finuofités , & qui
occupe tous les efpaces. En enlevant cette
lave, en réuniffant en efprit les deux
maffes , on rétabliroit l'ancienne contiguité des deux parties féparées de la
montagne.

1627. Cette lave appartenoit donc
jadis à des courans fupérieurs que le

temps a détruits, & que les eaux ont déblayés : il n'en reste plus que ces traces.

On doit placer à cette époque l'Histoire des volcans de Saint-Laurens-des-Bains, dont on ne trouve d'autres monumens que des laves incrustées dans des fciffures des montagnes granitiques, & dont je donnerai l'hiftoire dans mon Supplément.

Telles encore les traces volcaniques, fituées fous les montagnes granitiques du grand mont Tanargues, en Vivarais, au-deffus de Rocles, &c.

Ce font-là les veftiges des plus anciens volcans connus fur la furface de la terre, les montagnes de granit le plus vif & le plus compacte les ont préfervés des injures des temps ; ces laves, dans cette pofition, dureront autant que la montagne même, & leur antiquité ne peut être comparée à celle des filons bafaltiques qui courent quelquefois dans les roches calcaires, & qui font plus récens, comme nous le dirons ci-après.

1628. Ces obfervations permettent de conclure que plufieurs montagnes ont pu

être agitées d'incendies de volcans fans
qu'il nous en refte aucun monument,
puifqu'il faut que la lave incandefcente
que ceux-là ont vomie, ait trouvé de femblables matrices pour s'y conferver jufqu'à nos jours après de fi grandes révolutions. Un volcan d'ailleurs eft, de toutes les parties qui compofent la furface
du globe, la plus frèle & la plus fufcep-
tible de deftruction. Formé de parties
mouvantes (qui ne fe foutiennent fur
elles-mêmes que par l'équilibre & la
forme géométrique que prend fon enfemble formé de laves, de fcories qui ne
font point corps avec la roche vive fondamentale), les forces qui détruifent les
roches ont agi avec plus d'énergie fur ces
élevations volcanifées peu cohérentes
dans leur conftitution. Les plus hautes
montagnes du globe ont pu ainfi être couvertes des plus anciens volcans, fans qu'il
en refte des veftiges, puifqu'il a fallu
que de profondes fciffures dans le vif
des montagnes granitiques aient renfermé
les laves des plus anciens volcans connus

auxquels j'affigne la première place dans l'ordre chronologique, pour écrire leur hiftoire.

CHAPITRE II.

Continuation de l'Hiſtoire chronologique des volcans de la première époque. Ouvrages contemporains de l'élément igné ſur le ſommet des montagnes, & de l'élément aqueux vers leurs baſes. Formation des premieres roches calcaires ſur la ſurface de la terre. Des êtres organiſés les plus anciens. Première apparition des montagnes du Coiron au-deſſus de la ſurface des eaux de l'ancienne mer. Comment ce nouveau terrein fut expoſé pour la première fois aux regards & aux influences ſolaires. Comment les premières plantes de la France méridionale jouirent de l'aſpect de cet aſtre. Premier établiſſement des êtres organiſés aériens ſur le terrein du Coiron récemment ſorti du ſein des eaux maritimes. Ce ſol eſt abandonné à l'action des eaux rongeantes pluviales.

1629. Tandis que les ſommets des hautes montagnes granitiques éprou-

C 4

voient les fecouffes des feux fouterreins,
la bafe de ces montagnes étoit baignée
des eaux maritimes ; l'antique Océan qui
a délaiffé fur toutes les hauteurs des monumens de fon féjour fur ces ftations,
attifoit alors les incendies fouterreins &
primitifs, comme les mêmes eaux defcen-
dues aujourd'hui à plus de mille toifes, attifent les feux volcaniques dans des îles ou
dans les contrées voifines de la mer : on
fait que c'eft là en général la pofition
des volcans brûlans.

1630. Ce qui s'opere ainfi fous nos
yeux s'opéroit dans ce vieux âge, & les
mêmes caufes confidérées par l'Obfervateur du dix-huitième fiècle, agiffoient
pendant les éruptions des volcans primitifs, auffi anciens que les montagnes granitiques qui dominent toutes les hauteurs
du Vivarais, du Velay, du Valentinois,
du Gévaudan & des Cevènes. Dans ces
antiques incendies, comme dans les plus
modernes, on obferve les mêmes phénomènes & les mêmes effets : les ouvrages
de ces feux ne different entr'eux que par
le plus ou le moins de confervation, les

laves de ces deux âges font analogues.

1631. Le feu & l'eau donnoient alors, chacun dans leur genre, les divers produits de leurs forces actives. Le feu fe faifoit jour à travers les roches granitiques, il projettoit des fubftances enflammées, il agiffoit du dedans au dehors ; fon feu couvé, différent de tous les feux connus qui ne brûlent qu'au grand air, à l'air libre & fouvent renouvellé, élaboroit dans l'intérieur de la terre toutes ces fubftances.

La bafe de ces montagnes étoit fous l'eau, le fommet étoit à découvert, & le feu travailloit fourdement, malgré tous les autres élémens, dans le fein d'une contrée montagneufe arrofée d'eau, comme plufieurs volcans fous-marins rejettent aujourd'hui des matières incandefcentes préparées dans un laboratoire qui eft bien au-deffous du niveau des mers.

1632. Les roches calcaires du mont Coiron, dont les fommets font volcanifés, paroiffent avoir exifté avant les plus anciennes éruptions ; en effet, une grande coulée de laves qui part de la haute montagne couvre, 1°. les vieilles roches granitiques , dans une defquelles j'ai trouvé, dans les Boutières, de vieux filons bafaltiques : cette même grande coulée couvre, 2°. une partie des anciennes roches calcaires des monts Coiron. Obfervation précieufe qui affigne l'époque refpective des trois plus grands faits de la Nature , la formation des roches granitiques , calcaires & volcanifées. La chronologie de ces trois faits eft auffi certaine que cette propofition. La crépiffure de l'Eglife de Notre-Dame de Paris, exécutée en 1780, eft poftérieure aux couches de pierres & de ciment fuperpofés qui forment les bâtimens de cette Eglife ; la lave qui couvre tout, eft en effet la crépiffure du fommet de nos montagnes.

On pourroit dire peut-être que toutes les laves qui couvrent les hautes montagnes, & celles du Coiron, en forme de plateaux, n'appartiennent pas à une même éruption ; mais dans tous les cas la fuperpofition n'eft pas moins réelle, & il refte toujours démontré que les plus anciens volcans ont enfoui à la même époque, des contrées granitiques & des contrées calcaires folidifiées avant les éruptions, & comme nous trouverons dans la fuite des pierres volcaniques in-clufes dans les roches coquillières ten-dres, blanches & fragiles du bas Viva-rais, nous conclurons que lorfque les volcans les plus anciens agiffoient fur nos plus hauts fommets établis fur d'an-ciennes roches calcaires folides, la bafe de ces hautes montagnes étoit arrofée dès eaux de la mer qui élaboroit des carrières calcaires plus récentes, puifqu'on trouve dans le vif de celles - ci les pierres vol-caniques qui furent admifes dans leur fein pendant leur état de vafe mari-time.

1633. Ces obfervations prouvent donc l'exiftence de deux efpèces de roches cal-caires formées à deux différentes époques. (*Voyez de 192 à 206, & 300 à 376*).

Et comme dans la vieille pierre cal-caire il fe trouve des ammonites, des coq-&-poules, &autres foffiles pétrifiés qui ne font plus dans la Méditerranée, tandis que la roche coquillière plus récente de

la montagne renferme des peignes, des
vis, &c. coquilles qui exiftent dans cette
mer, il fuit qu'il exiftoit avant les premières éruptions volcaniques & dans
l'ancienne mer, des animaux dont l'efpèce eft éteinte dans nos climats.

1634. Ainfi jufqu'à la préfente époque,
la première dans l'ordre des volcans, il
n'exiftoit fur nos montagnes que de vieilles roches granitiques & des roches calcaires : dans la granitique il n'y avoit
que des mines, de l'air & de l'eau fixés,
& dans la roche calcaire, une grande
quantité d'eau & d'air fixe, beaucoup
de molécules animales décompofées, &
un très-grand nombre de coquilles en-
fevelies & délaiffées par la mer dans cette
ancienne vafe.

1635. La fuperpofition des carrieres,
avec empreinte de végétaux, démontre
donc que c'eft précifément à cette époque que le terrein fubmergé par l'ancien
Océan univerfel, parut hors du fein
des eaux par l'abaiffement de l'élément
aqueux, tandis que le fommet des montagnes granitiques vomiffoit du feu, &

que leur bafe étoit arrofée des eaux maritimes, & couverte de carrieres coquillieres. Dans cette conjonƈure, le terrein
intermédiaire expofé hors du fein des
mers, jouît pour la premiere fois de l'af-
peƈt du Soleil.

1636. Alors parurent fur les fommets
de nos montagnes les premieres familles
des plantes du monde, ces plantes primordiales & merveilleufes, qu'on ne
trouve aujourd'hui que dans les contrées
chaudes & méridionales de la France, ou
même dans les climats brûlans de l'Amérique, qui ont befoin de toutes les ardeurs
caniculaires pour mûrir leurs fruits & per-
pétuer leurs races, & qu'on trouve néanmoins pétrifiées & logées dans une pierre
fciffile, dans une région montagneufe
très-élevée au-deffus du niveau des mers,
expofée pendant huit mois de l'année
aux glaces, ou aux frimats.

1637. Aujourd'hui cette région ayant
perdu fa premiere température, amie des
plantes chaudes, ne nourrit plus que
des plantes alpines glacées, ligneufes &
rabougries; quelques châtaigners qui

mûriſſent à peine leurs fruits ; quelques
ſeigles qu'on ne moiſſonne que vers la fin
d'Août ; quelques plantes enfin rapétiſſées
qui ſouffrent de la rigueur du froid : ces
végétaux dégénerés ſemblent s'être ap-
propriés excluſivement l'empire de ce
nouveau climat.

1638. De ces régions montagneuſes,
ſont bannis les oliviers, la vigne, le
mûrier, les figuiers & les arbres à fruits
ſucrés, que les Italiens, les Provençaux,
&c. envoyent dans toutes les contrées du
Nord de l'Europe.

1639. Voilà en peu de mots l'état
actuel de l'Empire végétal ſur les montagnes les plus élevées du Velay, du
Valentinois & du Vivarais, au niveau
ou peu au-deſſous deſquelles on trouve
des empreintes des plantes du pays chaud.

Tels les Capillaires incruſtés dans
une roche feuilletée, & ſur la montagne
aux flancs de laquelle ſont ſituées les ma-
ſures de Cheylus, à l'orient de Leſcrinet,
& au-deſſous des montagnes élevées de
Gourdon : ils ſe voient dans une carrière, un peu au-deſſous d'une cou-

lée de lave : ces pierres fciffiles, herborifées, ainfi difpofées, annoncent le regne
des végétaux après la retraite des mers,
& avant l'éruption des volcans de la feconde époque, dont nous donnerons
l'hiftoire lorfque nous aurons déterminé
la quantité moyenne de chaleur atmofphérique de ces contrées, à cet âge du
monde Phyfique qui produifit les premiers volcans, qui abbaiffa les eaux maritimes, & qui permit aux végétaux de
s'établir fur ce terrein récent.

1640. Telle eft la férie des faits que
préfente une étude locale, réfléchie, &
long-temps foutenue des hautes montagnes volcanifées du Vivarais. Les recherches que j'ai faites fous les coulées de
laves ne m'ont point offert de monumens des actes moraux de l'efpece humaine ; mais des pieces juftificatives de
l'hiftoire ancienne de la Nature, des
reftes des plantes qui floriffoient jadis
dans nos climats ; comme fous le Vefuve
on a trouvé d'anciennes villes délabrées
& inondées de laves. Autant les fouilles
d'Herculanum ont fourni aux Anti-

quaires des objets curieux, autant celles de nos hautes montagnes, à sommet volcanisé, éclairent l'Observateur sur les époques comparées des roches de granit, des roches coquillières, des ardoises herborisées superposées, des familles des plantes qui ont végété dans cette ancienne terre; & je suis prêt à démontrer cette chronologie avec autant d'évidence que je prouverois cette vérité. *Herculanum ancienne ville Romaine, florissoit avant qu'elle fût inondée des laves du Vesuve.*

Nous continuerons désormais la chronologie des éruptions plus récentes, observant toujours avec la même méthode les faits contemporains; méthode lumineuse & certaine, que j'appelle le vrai flambeau des Naturalistes qui désireront d'étudier la Nature dans la nuit des temps. Arrêtons ici nos pas pour observer les plantes empreintes dans la roche scissile.

CHAPITRE

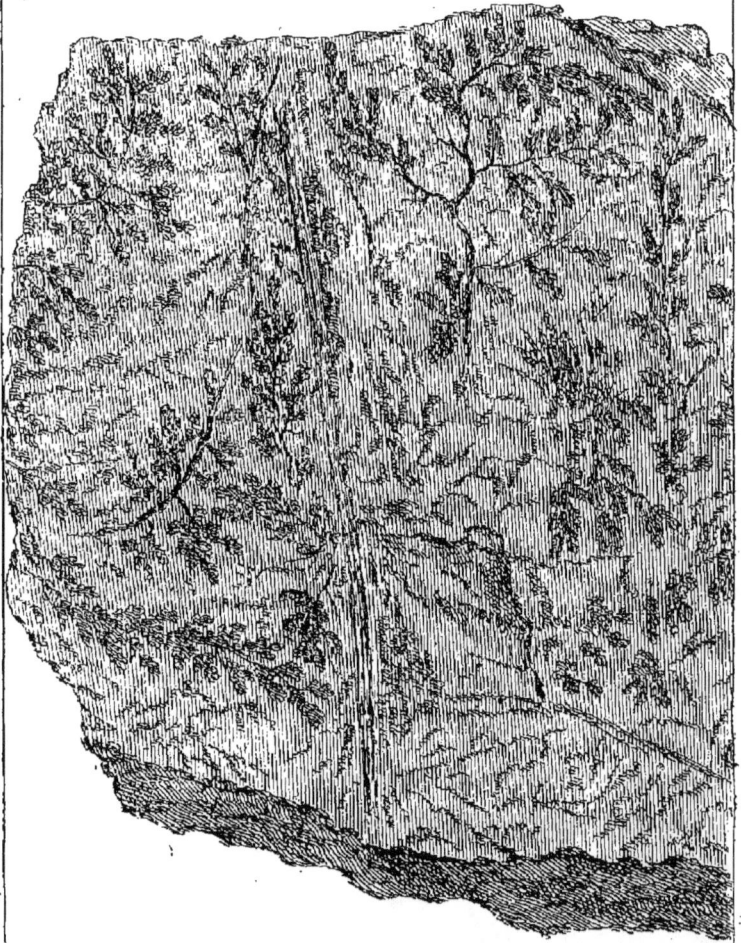

ARDOISES DE CHEYLUS

CHAPITRE III.

Histoire contemporaine des faits de la Nature qui avoisinent l'éruption des premiers Volcans. Description des plantes empreintes dans la roche scissile, des environs de Cheylus en Vivarais. Etat présent de ces roches. Elévation de ce lieu sur le niveau actuel de la Méditerranée. Description du petit capillaire, ainsi appellé dans les contrées Méridionales de la France. Histoire de cette plante. Quantité moyenne de châleur atmosphérique nécessaire à la conservation de son espece. Etat de l'atmosphère sur les montagnes élevées du Velay & du Vivarais, à l'époque de l'éruption des premiers Volcans. Quantité moyenne de châleur de cet âge. Quantité moyenne de châleur actuelle dans la température de cette région. Différence des températures. Conséquence à tirer de cette comparaison. Description de quelques autres

Tome IV.   D

plantes empreintes. Confirmation de ces résultats.

1641. ON trouve dans les ardoises scissiles, les plantes suivantes : *Osmunda palustris*, C, B, P, *Osmunda regalis*. LIN. L'Osmonde d'Italie & de la France Méridionale, qu'on trouve aux bords des fleuves & des rivières, se voit parmi les empreintes des mêmes pierres scissiles.

1642. *Equisetum fluviatile*. LIN. *Equisetum palustre setis longioribus*. C. B. P.

La petite prêle se trouve encore dans les mêmes pierres ; cette plante, comme les précédentes, se plaît dans les lieux humides, ses feuilles rudes cannelés, sa racine longue, fibreuse, & ses autres formes exprimées dans la pierre, sont connues.

1643. *Adiantum muscosum Americanum*. PLUMIER, FIG. L. Ce capillaire en mousse, qu'on trouve dans l'île Saint Domingue, dans un sol humide, a des racines longues & menues, ses feuilles ont la figure d'un éventail, les bords en sont dentelés & se recoquillent en divers fens. Toutes ces formes font empreintes dans la pierre fciffile.

1644. *Adiantum ramofum Americanum foliis dentatis.* PLUMIER, Fig. XLV.

Cette plante, que le peré Plumier a décrite & fait graver, fe trouve dans l'île de Saint-Domingue le long d'un ruiffeau; elle pouffe fept à huit tiges qui fe divifent en branches, comme la fougère; les feuilles font pofées alternativement & diminuent à mefure que la cote s'étend; elles finiffent avec elle par des pointes fort aiguës. Cette nomenclature de la plante, eft la véritable defcription de l'efpece de capillaire trouvé dans la pierre fciffile des environs de Cheylus.

1645. *Filix villofa Americana minor, pinnulis profunde dentatis.* PLUMIER, Fig. XXIV.

Petite fougere, velue, à longues dentelures, qui vient dans les lieux humides de Saint-Domingue; elle a des feuilles latérales oppofées les uns aux autres, à petites nervures & des folicules alternes, rondes, pétiolées, attachées auffi par leurs bords inférieurs.

1646. *Capillus veneris, minor, Viva-rienſis.* PLANCHE II DE CE VOLUME. Petit capillaire qu'on trouve dans les fontaines & vers les ouvertures des puits dans le bas Vivarais, à l'Argentiere, Vinezac, le bourg Saint-Andéol, Avignon, le pont Saint-Eſprit, & dans tous les pays chauds de la France méridionale. C'eſt la petite eſpèce des capillaires qui ne vient que dans les lieux chauds & humides, dont la tige eſt brillante, noire, ligneuſe, dure, ſeche & caſſante. La découpure de ſes feuilles eſt analogue à celle du perſil. On l'emploie en décoction dans le rhume & autres maladies de la poitrine. Le graveur qui a deſſiné l'empreinte de la plante, & qui a gravé ſur ce deſſin, a rendu aſſez bien la figure de l'empreinte ; mais elle eſt plus connoiſſable encore dans la pierre ſciſſile. On l'appelle dans quelques endroits du Vivarais *le petit capillaire de Montpellier* : cette plante ne doit point être confondue avec ce capillaire dégénéré que j'ai trouvé dans les grottes & autres lieux ſombres des environs de Saint-

Cloud auprès de Paris, & qui, de l'aveu de tous les Botaniftes, varie de tous les capillaires de la France méridionale, quoiqu'il porte le même nom.

Toutes ces roches & leurs empreintes peuvent être confidérées comme le grand thermomètre de la Nature, qui nous décèle la chaleur atmofphérique des premières périodes du monde, pendant lesquelles la pierre fciffile ardoifée vint, en forme de boue, envelopper toutes ces plantes. Il fuffit, pour déterminer l'état de cette ancienne atmofphère, de rappeller que ces plantes ne fe trouvent la plupart aujourd'hui que dans les contrées brûlantes de l'Amérique ou de la Provence, & que le bas Vivarais, pays peuplé d'oliviers, jouit d'une température de chaleur peu différente de celle de Languedoc, où fe trouve particulierement la plante dite *petit capillaire de Montpellier*.

1647. Or pour parvenir à la maturité parfaite de leurs fruits, pour conferver leur race dans ces régions, ces plantes ont befoin de toutes les ardeurs folaires de la canicule ; elles ne fructifient que vers le mois de Septembre, c'est-à-dire, lorsque le soleil a administré tous les feux qu'il répand dans l'atmosphère.

1648. Et comme nos instrumens météorologiques peuvent exprimer la quantité de cette chaleur, la partager en plus & en moins, il conste que cette chaleur atmosphérique annuelle, calculée dans la basse plaine du Rhône, vaut, années communes, 3500 degrés dans le mois de Septembre.

Il est donc avéré qu'il faut à ces plantes méridionales 3500 de chaleur pour une parfaite fructification, pour l'entière maturité des fruits dans cette région.

1649. En examinant d'un autre côté la température actuelle du sommet de nos montagnes Vivaroises, on trouve une température atmosphérique bien différente. Dans le mois de Septembre, au-dessus de la Viole, & au niveau des pierres herborisées, la Nature a fourni à peine deux mille degrés de chaleur déterminée par le thermomètre, d'après

mes obfervations faites à Antraigues pendant un an & demi, ainfi que je le no-
terai dans mes tables météorologiques
dans l'Hiftoire des élémens & des météores.

1650. Il refte donc prouvé qu'à l'époque où ces plantes chaudes végétoient
fur le fommet de nos montagnes, l'atmofphère de cet âge jouiffoit, dans ces
lieux, de mille degrés de chaleur annuelle qu'elle a perdus. Les empreintes
de ces plantes font donc, comme je l'ai
dit ci-deffus, le thermomètre des âges
de la Nature, & cet impofant thermomètre prouve une diminution de chaleur
atmofphérique de mille cinq cents degrés.

1651. Ces obfervations combinées, &
bien examinées, font confirmées par une
foule de témoignages analogues que four-
niffent des corps foffiles d'un autre genre.
On fait qu'on a trouvé dans la plaine du
Rhône, depuis Vienne fur-tout jufqu'à
la mer, un grand nombre de dents d'élé-
phant, de fquelettes même entiers de
ce quadrupède Afiatique, des offemens

D 4

agatifés & devenus quartzeux dans la terre.

1652. Cet animal, infécond dans nos froides régions, qui a befoin à Verfailles dans la ménagerie du Roi de la chaleur factice d'un poële allumé pendant l'hiver, comme une plante dans les ferres, ne peut fubfifter dans notre climat, l'efpèce s'y perdroit à la première génération, tandis que les reftes de cet animal, épars dans toute la plaine du Rhône, annoncent une atmofphère plus active & plus chaude qui pouvoit faciliter la propagation de l'efpèce. Alors les éléphans floriffoient dans nos plaines comme le capillaire de Montpellier, & autres plantes analogues, floriffoient fur nos montagnes où règnent aujourd'hui les glaces & les frimats.

1653. Il refte donc prouvé que ces premières plantes de la France méridionale ont été des plantes d'un pays chaud, & que les contrées où elles fe trouvent, en état d'empreintes, font d'une température plus froide.

1654. La nature de ces plantes confirme ces faits d'une autre manière ; il eft avéré qu'elles font toutes de l'efpèce des plantes humides qui ne vivent que dans les lieux chauds , & dont l'atmofphère cft impregnée de vapeurs.

1655. Or la Nature n'eut jamais une telle atmofphère qu'à cette époque où la mer couvroit la plus grande partie des continens : alors les fommets des chaînes des montagnes feulement, fortoient hors du fein des eaux , l'atmofphère devoit être humide , marécageufe , chaude , & c'eft-là précifément le climat néceffaire à nos plantes primordiales des hauteurs du Coiron , plantes qu'on retrouve au-jourd'hui dans les environs des rivières des contrées les plus chaudes du Globe terraqué , qui font marécageufes, chau-des & humides.

1656. A cette époque , la mer inon-dant toutes nos provinces, excepté les pics élevés , & les fommets des chaînes mon-tagneufes, éprouvoit pendant fes flux & reflux des mouvemens plus généraux, les continens ne pouvoient retarder fes gon-flemens périodiques , & ce plus grand mouvement de la maffe des eaux occa-

fionnoit d'ailleurs une plus grande éva-
poration.

1657. L'eau environnoit ainfi de tous
côtés nos vieilles chaînes élevées, &
l'atmofphère étoit plus chaude & plus
humide.

Les contrées humides & chaudes du
Globe terreftre doivent donc avoir confervé exclufivement les defcendans de
ces anciennes familles primordiales. Pre-
nez l'Hiftoire des plantes & des fougères
de l'Amérique du Pere Plumier, com-
parez - en les figures avec quelques
empreintes qui font dans le beau cabinet
de M. Seguier à Nifmes, & jugez.

CHAPITRE IV.

Observations analogues faites sur des montagnes, dont la température s'est refroidie. Observations de Scheuchzer sur les Alpes. Observations de Jussieu dans le Lionnois. Observations de M. Pallas en Sibérie. Les trois règnes minéral, végétal & animal prouvent une ancienne température atmosphérique plus chaude qu'aujourd'hui. Exactitude de ces trois sortes d'observations.

1658. LE fameux Scheuchzer, qui a fait une collection si curieuse des fossiles observés dans les ardoisières des Alpes, décrit *un épi de blé trouvé dans un lieu si froid & si élevé, qu'il ne peut nourrir aujourd'hui la même espèce de grain ;* l'épi étoit presque mûr comme vers la mi-Mai, il présentoit toute l'organisation d'un épi bien formé. Voyez *Herbarium diluvianum*, page 7, tab. 1.

Ce célèbre Naturaliste pouvoit étendre sa conclusion jusqu'aux autres plantes empreintes dont il a donné le dessin, elles sont de la race des plantes humides d'un pays chaud, comme les empreintes que j'ai trouvées sur les hautes montagnes du Vivarais : il faut à ces plantes pour une parfaite fructification au moins autant de degrés de chaleur atmosphérique qu'aux plantes de froment d'orge ou de seigle ; & le lieu où ces plantes ne peuvent fructifier, ne peut nourrir par la même raison aucune de celles qui exigent encore une plus grande quantité de chaleur.

On a fait au commencement de ce siecle des découvertes analogues à Saint Chaumont en Lyonnois.

1659. « J'eus le plaisir d'observer, dit M. de Jussieu, (*Mémoires de l'Académie Royale des Sciences, année 1718, p. 288*) à la porte même de Saint-Chaumont, le long de la petite riviere de Giez, les impressions d'une infinité de plantes si différentes de toutes celles qui naissent dans le Lyonnois, dans les provinces voisines

& même dans le reſte de la France, qu'il me ſembloit herboriſer dans un nouveau monde.

« Le nombre des feuillets des pierres qui renferment les plantes empreintes, la facilité de les ſéparer , & la grande variété des plantes que j'y ai vues imprimées, me faiſoient regarder chacune de ces pierres comme autant de volumes de Botanique qui, dans une même carriere, compoſent pour ainſi dire la plus ancienne Bibliotheque du monde, & qui eſt d'autant plus curieuſe, que toutes ces plantes ou n'exiſtent plus , ou ſi elles exiſtent encore , c'eſt dans des pays ſi éloignés que nous n'aurions pu en avoir de connoiſſance ſans la découverte dé ces empreintes.

« Il ne manqueroit ici pour rendre cette herboriſation parfaite, que de qualifier ces plantes imprimées ſur les pierres ; on pourroit même y réuſſir avec les regles établies depuis les derniers temps, pour déterminer les genres ou du moins les claſſes auxquelles elles ſe rapportent : mais comme il eſt rare de trouver ſur ces

feuillets les plantes en leur entier, & que
l'on ne peut souvent en discerner que,
ou quelques fragmens de branches, ou
quelques feuilles, & qu'il y en a même
plusieurs qui se trouvent croisées par
d'autres de différentes espèces qui ont
été appliquées sur elles, on auroit peine
à les bien caractériser & a les biens d'é-
crire ; on peut néanmoins assurer que ce
sont des plantes capillaires, des caterac,
des polypodes, des adiantum, des langues de cerf, des lonchites, des osmondes,
des filicules & des especes de fougeres qui
approchent de celles que le R. P. Plumier & M. Sloane ont découvertés dans
les îles de l'Amérique, & de celles qui
ont été envoyées des Indes Orientales
& Occidentales aux Anglois. Une des
principales preuves qu'elles sont de cette
famille, est que comme elles sont les
seules qui portent colés au dos de leurs
feuilles, leurs fruits; les impressions profondes de leurs semences, se distinguent
encore sur quelques-unes des ces pierres.

« Outre ces empreintes de feuilles des
plantes capillaires, j'en ai remarqué qui

paroissent appartenir aux palmiers & à d'autres arbres étrangers. J'y ai aussi observé des tiges & des semences particulieres & à l'ouverture de quelques-uns des feuillets de ces pierres, il est sorti des vuides de quelques sillons, une poussiere noire qui n'étoit autre chose que les restes de la plante pourrie & renfermée entre deux couches.

« Il y a dans cette découverte, trois singularités qui la rendent très-remarquable.

« La premiere, de ne trouver dans le pays aucune des especes dont les empreintes sont marquées sur ces pierres. C'est un fait duquel je me suis éclairci dans les herborisations que j'ai faites immédiatement après celle-ci, sur les montagnes voisines, & principalement sur celle de Pila en Lyonnois, qui n'est éloignée de Saint-Chaumont que de trois lieues.

« La seconde, est qu'aucune de ces plantes ne se trouve pliées, & qu'elles y sont étendues comme si on les y avoit colées.

« La troifieme, que les deux lames écailleufes de ces pierres qui contiennent une plante, repréfentent, l'une le relief & l'autre le creux de la plante ».

Ainfi s'exprime Antoine de Juffieu, fes obfervations font analogues à celles de Scheuchzer. L'un & l'autre, Botaniftes célèbres, n'avoient en vue aucun fyftême; ils rapportent ces faits avec fimplicité & fans prétention, ils témoignent feulement leur admiration fur des obfervations d'une telle efpece.

1660. M. Pallas, célèbre Naturalifte, connu par fa véracité, n'a pu s'empêcher d'avouer qu'on trouvoit dans les contrées glacées du Nord, des reftes fofliles d'Eléphans. « Dans nos dépôts fableux & fouvent limoneux, dit-il, giffent les reftes des grands animaux de l'Inde: les offemens d'éléphans, de rhinoceros, de buffles monftrueux, dont on déterre tous les jours un fi grand nombre, & qui font l'admiration des curieux. En Sibérie, où l'on a découvert, le long de prefque toutes les rivieres, ces reftes d'animaux étrangers, & l'ivoire même bien confervé en

fi

fi grande abondance qu'il forme un article de commerce, en Sibérie, dis-je,
c'est auffi la couche du limon fabloneux
qui leur fert de fépulture, & nulle part
ces monumens étrangers font fi fréquens,
qu'aux endroits où la grande chaîne qui
domine fur toute la frontiere méridionale de la Sibérie, offre quelque depref-
fion, quelque ouverture confidérable. »
*Voyez Obfervations fur la formation des
montagnes & fur les changemens arrivés
au globe par P. S. Pallas de l'Académie
de Pétersbourg. In-12, pag. 69.*

Mais le Rhinocéros trouvé en Sibérie
eft frappant; il avoit fa peau entiere, des
reftes de tendons, des ligamens & des
cartilages : M. Pallas dit l'avoir trouvé
dans les terres glacées des bords du
Viloûi, & l'avoir remis à l'Académie.

Cette grande obfervation mérite fans
doute des réflexions profondes : un favant
Académicien qui publie cette découverte,
qui en offre la piece juftificative à une
Compagnie de gens de lettres, & qui dé-
clare l'avoir préfentée à cette Société,
fans que perfonne s'éleve contre ces dé-

Tom. IV.   E

couvertes , mérite la plus grande confiance.

1661. De toutes ces obfervations , il
réfulte 1°. que les familles de tous les êtres
organifés , ont voyagé dans prefque tous
les climats du monde. 2°. que notre Méditerranée ne nourrit plus des belemnites,
des terebratules , des griphites, des entro-
ques , comme l'ancienne mer qui forma
nos carrières calcaires primitives. 3°. Que
les Alpes ni les hautes Cevènes ne nour-
riffent plus les plantes dont les familles
ont tranfmigré dans les pays chauds de
la France Méridionale , ou dans la Zone
Torride. 4°. Que les grands animaux de
l'Afie , les rhinocéros & les éléphans ne
vivent plus dans les contrées du Nord
où regnent les glaces & les frimats, ni
dans la plaine du Rhône où l'on a obfervé
des reftes d'éléphans. *Les minéraux , les
végétaux , les animaux annoncent donc
une chaleur atmofphérique jadis plus chaude
qu'aujourd'hui* , & c'eft une découverte
bien précieufe d'avoir trouvé des reftes
d'antiques végétaux fous des coulées de
laves les plus anciennes : cette obfer-

vation unit deux faits épars dont on
ignoroit la date respective dans les an-
nales du monde, elle avance d'un point
la Chronologie physique en réunissant
l'Histoire ancienne des volcans, à l'Histoire ancienne du monde organisé, & en
offrant les anecdotes contemporaines de
ces deux regnes.

1661. Divers Auteurs, embarrassés de
ces faits qui les gênoient dans leurs idées
particulières sur la Nature, ont élevé
des doutes contre ces observations pré-
cieuses faites par les plus habiles Naturalistes : les uns ont représenté, sur les
empreintes des végétaux, qu'on en trouvoit les analogues dans les pays voisins,
les autres que le niveau des mers ayant
été plus élevé, ces régions étoient alors
moins froides. Ceux-ci frappés des résultats
qu'offrent les dents d'éléphans, ont pris
le parti de nier leur existence; ceux-là
ont dit qu'on a trouvé aussi dans le même
pays des restes d'animaux montagnards;
quelques-uns enfin ont voulu que des
inondations, générales ou particulieres, ayent apporté ces restes des ani-

maux & des plantes des Indes, tant les résultats qu'on a tiré de ces diverses observations dérangeoient les idées vulgaires qu'on avoit de la Nature.

Nous répondrons bientôt à toutes ces objections, & nous observons ici que comme les trois règnes prouvent par des observations un fait universel, comme l'ancienne mer & les continens, les restes des végétaux & des animaux de ces âges, &c. annoncent de concert ce grand fait, savoir une température atmosphérique plus chaude dans l'ancien monde, il faut, lorsqu'on voudra s'élever contre ces remarques, offrir des objections qui renversent toutes les espèces d'observations qui n'en sont plus qu'une, lorsqu'on fait attention qu'on décrit des effets différemment modifiés de la même cause.

CHAPITRE V.

Époque de la formation des premières vallées de la chaîne des montagnes des Cevènes. Récapitulation des preuves locales de cette vérité. L'excavation des vallées & des vallons fut l'ouvrage des eaux pluviales. L'aspect des contrées volcanisées annonce cette vérité. Destruction des coulées de laves & des formes géométriques des volcans. Formation des breches & des poudingues. Examen du systéme des Naturalistes qui attribuent aux courans des mers l'excavation des vallées. Des déblais des montagnes. Théorie des cailloux roulés. L'excavation des vallées, & l'élévation des plaines attribuées à l'action des fleuves dans les deux Prospectus de cette Histoire: Preuves de ces vérités dans les deux premiers volumes. Conclusion générale sur la formation des bassins des fleuves, définis dans le §. 10 de cet Ouvrage. Annonce de ce qui

E 3

reste à publier sur cette matière. Comparaison des cailloux roulés par les eaux, à la circulation des espèces monnoyées dans le commerce.

1663. Nous devons placer à cette époque la formation des principales excavations des vallées dans le vif du globe terrestre, & des scissures larges & profondes situées sur nos montagnes les plus élevées & formées par les eaux courantes; car *nous avons appellé*, en décrivant les sommets déchirés des vallées, *tous les Naturalistes qui refusent de croire que l'excavation des vallées & des vallons fut l'ouvrage des eaux pluviales.* (Tome II, pag. 396).

Une telle assertion, combattue par les plus grands Naturalistes, qui attribuent ces profondes vallées, tantôt à la boursouflure d'une matière granitique fondue, tantôt à l'action passagère d'une inondation générale, tantôt aux courans de l'ancienne mer qui couvrit tous les continens; une telle assertion, dis-je, mé-

rite fans doute d'être prouvée ; on ne
doit pas offrir ainfi un défi fans préfenter des faits.

L'excavation lente des vallées par les
eaux pluviales eft d'ailleurs le fondement
de la chronologie que nous établirons :
& fi jamais il étoit poffible de prouver
que la mer a formé les vallées, nous
commettrions des anachronifmes dans
la comparaifon de nos époques des volcans.

Montrons donc ici que notre défi,
notre appel des Naturaliftes des Capitales fur nos hauts pics, n'eft pas téméraire, & que nous avons pu dire que
les eaux pluviales ont formé les excavations des valles & des valons du globe
terreftre.

PREUVES TIRÉES DE L'ASPECT DES MON-
TAGNES VOLCANIQUES DU VIVARAIS.

1664. Nous avons vu (889 & 890)
les eaux pluviales fe ramaffer dans les
cratères ; y former des premiers ravins,
s'y rougir des molécules de laves déta-

E 4

chées, elles détruisent ainsi lentement la forme géométrique établie par les expulsions.

1665. Les eaux courantes ont paru former ensuite des lits de rivières dans les coulées de lave de ces volcans (694) : les colonnes basaltiques se font changées en cailloux roulés.

1666. Cette grande opération a été prouvée (704-705) : nous avons vu l'intromission de l'eau dans les petits espaces intermédiaires des colonnes qui constituent une carrière basaltique (*voyez planche III, Tome II*) vers les approches de l'hiver, elle s'y gele & détruit la connexion des basaltes en les écartant ; ils se coupent en tronçons. Des gelées successives écartent davantage les parties, bientôt l'équilibre se perd ; une, deux, vingt, trente, mille colonnes se précipitent dans la rivière où le frottement des corps entraînés par les eaux, émousse leurs angles & les convertit en cailloux roulés. Telle est la destruction des volcans éteints, de leurs bouches saillantes, de leurs coulées de laves.

1667. Les preuves tirées de l'aspect des montagnes calcaires du Vivarais sont auffi évidentes. Nous avons vu (130) la formation des breches & poudingues par l'intermède des eaux courantes qui tranf-portent la terre & le gravier, & for-forment, ou des poudingues, ou dès breches le long du ruiffeau.

1668. Nous avons décrit (52) les tra-vaux de l'Ardeche qui creufe tous les jours de lits plus profonds, & nous avons prouvé par l'Hiftoire, que depuis 1629, cette rivière avoit entraîné cinq toifes de terrein.

1669. Les plaines inférieures compo-fées de fable, de cailloux roulés, ont annoncé (34) *le tranfport des fleuves, la ruine des montagnes fupérieures deman-telées par les eaux courantes qui ont creufé les baffins des rivières, des ruiffeaux, & qui les ont unis aux baffins des fleuves.*

1670. Nous avons rejetté le fentiment de ceux qui attribuent ces excavations à des courans des mers. L'Océan ne peut former de femblables déchirures, avons nous dit, s'eft l'ouvrage unique des fleuves. Les mouvemens des eaux maritimes ne paroiſſent pas jouir de cette énergie , encore moins du pouvoir de ſculpter des angles ſaillans & rentrans.

Preuves tirées de l'étude des deblais de ces montagnes.

1671. *Mais ſi les eaux pluviales ou fluviatiles ont attenué les roches les plus vives. Si l'excavation des montagnes fut le réſultat de toutes ces opérations , il faut rechercher les monumens de tous ces faits, interroger les deblais provenus des contrées élevées.* (71)

Mes obſervations m'ont appris (*Voyez tome I , depuis 71 à 80.*) que leur état de pierre mouvante entrainée par les ri-vieres , étoit la premiere cauſe de leur changement en caillou roulé ; car ces cailloux ſe heurtent reciproquement , & leurs angles s'émouſſent. 2°. Leur état paſſif eſt une autre cauſe de l'arrondiſſement : devenus *ſtationnaires* , ils éprouvent les frotement des plus petits corps. 3°. Plus ils ont parcouru de chemin , & plus ils

font menus ; s'éloignant ainfi de leur lieu
originel , ils font corrodés davantage.
4°. Les cailloux calcaires, par exemple ,
ne fe trouvent pas dans les vallées fituées
au-deffus des montagnes de cette nature.

1672. J'ai prouvé , enfin , que les lits
des rivieres creufés à la longue , ont été
fitués fur de hautes montagnes avant
l'excavation ; les anciens atterriffemens
& les cailloux roulés & reftés ftationnaires fur les hauteurs , font les monumens qui atteftent cette vérité. (1150)

1673. Il fe trouve une exception de
ces obfervations dans les cailloux roulés
gigantefques trouvés (1129) parmi des
plus petits femblables ; telles les colonnes
bafaltiques entieres fous l'ancien lit du
Rhône à Montelimard, & le caillou décrit (91). Ces maffes , dont les parties n'ont
pas été beaucoup ufées , femblent faire
voir qu'elles ont été tranfportées dans ces
lieux par une inondation inopinée & confidérable : nous verrons dans la fuite que
le tranfport des maffes énormes , ne peut
être l'ouvrage d'une alluvion plus grande
que celles de nos jours ; mais que l'an-

cienne pente du terrain , jadis plus confidérable , explique ce fait. La comparaifon des atterriffemens de la pente de
la chaîne des Cevènes vers l'Océan par
la Loire , ou des chaînes granitiques du
Morvant vers Paris felon le cours de la
Seine , nous montrera que les décombres
de ces dernières montagnes font plus
menus plus uniformes , mieux propor-
tionnés , moins maffifs dans leurs parties
conftituantes,que dans la plaine du Rhône
où les maffes fe font précipitées plus
preftement. Les caufés de deftruction ,
les matières granitiques détruites & changées en cailloux, ont été cependant les mêmes de tous côté : leurs proportions néanmoins varient , & les réfultats font bien
différens. En réfléchiffant fur ces phénomènes , on voit que les atterriffemens de
la Seine & de la Loire , parcourant un
terrein moins incliné , ont été plus long-
temps ftationnaires : de-là la plus grande
atténuation des parties conftituantes de
leurs atterriffemens. Cette vue eft démontrée dans l'Hiftoire de Nifmes &
du Comtat d'Avignon. (31)

1674. L'état stationnaire des cailloux roulés est une autre cause de la variété de leur calibre ; par exemple, les cailloutages de la Craux, à la gauche du Rhône, & les cailloutages opposés du côté de Nismes, abandonnés les uns & les autres par le Rhône, sont bien plus massifs que ceux que ce fleuve élabore aujourd'hui, & sur lesquels il promene ses ondes. Ces anciens déblais délaissés sont d'un plus gros calibre dans leurs parties, 1°. parce que jadis les pentes des bassins & des lits de rivières étoient plus rapides ; 2°. parce que les eaux courantes les ayant laissés à côté & dans l'état où ils étoient alors, ont agi sur d'autres matières. Nous n'aurons donc point recours à une plus grande quantité d'eau courante qu'on ne peut prouver ; mais à la plus grande inclinaison du sol & au délaissement de ces anciens lits par les eaux courantes ; deux faits également certifiés par la géographie physique de ces contrées, & par le raisonnement.

1674. Mais si les différens degrés d'in-

clinaison dans les rampes des grandes
chaînes de montagnes occasionnent des
différentes proportions dans le calibre
des cailloux roulés comparés entr'eux,
les terreins de différente qualité influent
encore puissamment sur la forme des
vallées & des bassins ; nous avons annoncé, en observant les ouvrages des
eaux courantes dans des terreins de di-
verse nature (947), que *les destructions
sont en raison de la quantité d'eau qui s'é-
coule, de la force acquise en parcourant un
lit plus ou moins incliné, de la qualité &
de la quantité des corps qu'elle entraîne*,
vérité développée dans le troisième volume, dans la description du passage du
Rhône, du sol granitique au sol calcaire
dans le Valentinois & le Viennois. Nous
avons décrit la diversité des travaux de
ce fleuve dans ces différens départemens
& la variété des résultats.

1676. Nous avons dit enfin 1150 &
de 45 à 47 , ce qui démontre tous les
raisonnemens précédens), que l'opération lente de la Nature dans l'excavation des vallées avoit été dérangée par

les effufions des laves des volcans, que
quelques vallées avoient été comblées,
que les eaux avoient creufé ailleurs d'autres lits & d'autres vallées. Ayant con-
fidéré fur les montagnes du Coiron une
coulée de laves coupées par ces eaux
courantes, nous avons dit que l'ancienne
union de la maffe étoit auffi certaine que
celle d'une pierre antique coupée, dont
la moitié de l'infcription démontre que
la pierre a été mutilée.

1677. Frappé de ces images & de ces
deftructions, nous avons établi dès 1772,
la théorie de la formation des montagnes, & on trouve dans le Profpectus
(imprimé en 1779 à Montpellier chez
Martel, page 4), *après ces grands faits
de la Nature* (la formation des roches
calcaires) *le fol de la terre peu-à-peu découvert par la retraite des eaux fe confolide.*

*Des excavations & des lits de fleuves
& de rivières fe forment poftérieurement.*

*Les plaines horifontales s'élèvent en-
fuite au détriment des montagnes fupérieures.*

Nous avons décrit alors la fucceffion de ces faits. Et dans le Difcours préliminaire publié en Janvier 1780, nous avons établi ainfi la maniere dont les chofes fe font paffées fur le globe, *lorfque les eaux maritimes eurent diminué de plus en plus, lorfque le fol découvert fut excavé de mille vallées par l'action des eaux, lorfque la terre fut hériffée de toutes fortes d'afpérités plus ou moins élevées au-deffus du niveau des mers, les volcans, fuivant la trace en quelque forte de ces eaux maritimes, brûlerent dans les régions inférieures* (page 36).

1678. Toutes mes obfervations, expofées dans les deux premiers volumes, permirent alors de donner cette nouvelle définition des baffins des fleuves, *le baffin d'un fleuve (10) ou fon département, n'eft que l'enfoncement produit par les eaux de ce même fleuve, lefquelles entraînent toujours les fubftances terreftres des lieux les plus hauts vers les plus bas, par l'action conftante de la loi de la pefantenr, & par leur action diffolvante.*

De-là néceffairement les ravages de la croûte

croûte du globe décrits en ces termes : *le globe a éprouvé* (46) *les plus étranges révolutions depuis sa formation primordiale. Les courans des mers ont formé d'abord les pentes des continens, les eaux pluviales & celles des fleuves ont ensuite sillonné la surface de la terre & formé les départemens, la régularité de ces bassins a été l'ouvrage de l'attraction universelle & de l'action dissolvante des eaux .... Telle fut la marche de la Nature* (84) *dans la formation des vallées, ce sont là les moyens dont elle se sert pour sillonner de mille aspérités la surface du globe, & former les lits des fleuves & des rivières qui, dans le principe, ne coulèrent d'abord que sur des plaines peu inclinées*, tome I, pag. 129.

1679. Les mêmes preuves qui avoient établi ces résultats généraux sur les *fillonnemens* du globe terrestre, se trouvent dans la description de la vallée que parcourt le Rhône.

Le Rhône, (page 10, tome I.) ronge sans cesse les divers territoires qu'il parcourt, il se creuse un lit qui devient tous les jours plus profond, & laisse à droite &

Tom. IV.

F

à gauche des bancs confidérables de cail-
loux ufés par les frottemens. Ces bancs font
fi expreffifs, que nous avons cru pouvoir affirmer, *que les plaines du bas Vi-*
varais, du bas Dauphiné, du Comtat
Venaiffin, & des bords du Rhône, juf-
qu'à la Méditerranée, ne doivent leur for-
mation qu'à ces déblais des montagnes
fupérieures. (*Difcours prélimin. pag.* 39,
publié en Janvier 1780.)

1680. Telles font les preuves de l'affertion générale que les vallées ont été
formées par les eaux pluviales & par les
eaux courantes fluviatiles, elles fuffifent
pour établir les faits néceffaires à la chronologie des Volcans dont nous nous oc-
cupons. En publiant l'Hiftoire de quelques autres provinces qui ont offert des
vérités analogues, nous montrerons;
I°. que les vallées fupérieures connues fous
le nom *de gorges, de cols, de collets,* fur
les fommets des Pyrénées, des Alpes &
des Cevènes, où il ne paffe aucun filet
d'eau dont l'énergie deftructive foit
proportionnée à la profondeur & à la
largeur de l'excavation, ont été formées

par les eaux pluviales aidées d'un autre agent auxiliaire qui a concouru avec elles à cette excavation primordiale des hauteurs.

1681. II°. Que les vallées tranſverſales qui coupent à angles droits les vallées fluviatiles précédentes, & qui ſuivent la ſéparation du ſol calcaire d'avec le ſol granitique, & que nous avons décrites & obſervées dans toutes les provinces où ſe trouve cette ſéparation, ont été excavées par d'autres cauſes que par les fleuves & les rivières qui exiſtent aujourd'hui.

1682. III°. Que la diſproportion qui ſe trouve entre les cailloux roulés délaiſſés par les rivières, & ceux qu'elles élaborent actuellement, trouve ſon explication phyſique dans notre chronologie des vallées.

1683. IV°. Que les plus grandes inclinaiſons de terreins ſont la cauſe principale de la diſproportion des cailloux roulés des atterriſſemens, parce que les maſſes entraînées reſtent moins long-temps ſtationnaires.

1684. V°. De-là les différentes eſpèces

F 2

de vallées, vallées de l'ancien monde, vallées qui le féparent d'avec les départemens calcaires, vallées dans les roches calcaires, vallées enfin dans les atterriffemens.

1685. VI°. De-là encore la chronologie des excavations dans trois âges principaux du monde phyfique. Nous donnerons, d'après ces faits, des cartes, où nous verrons la formation des anciennes vallées & des premiers lits des rivieres fitués fur les fommets des montagnes où les eaux ont délaiffé dans des cavernes élevées, des cailloux roulés ; cartes annoncées (366).

1686. VII°. Nous avons vu dans nos deux premiers volumes comment s'opere la deftruction des montagnes volcaniques & calcaires, nous examinerons dans l'Hiftoire du Gévaudan la formation des vallées dans les roches fchifteufes, & la Topographie de ces contrées, particuliere à ces montagnes, dont la direction & la forme dépendent plutôt de la matiere détruite que de la force deftructive.

1687. VIII°. Nous examinerons fi les

vallées du premier âge font l'effet de la bourfoufflure des roches granitiques incandefcentes, comme l'a dit M. le Comte de Buffon.

1788. IX°. Nous prouverons qu'une inondation paffagère ne peut former des profondes vallées, leurs directions, leurs finuofités, leurs anoftomofes, leur tendance vers un point.

Tous ces travaux ne font encore que des matériaux qui feront les pièces juftificatives de la chronologie comparée des trois plus grands faits de la Nature, chronologie ainfi exprimée dans le Profpectus (*page 4*). La formation du fol terreftre & la retraite des eaux de la mer étant déterminées, *des excavations & des lits de fleuves & de rivières fe forment poftérieurement. Les plaines horifontales s'élevent enfuite au détriment des montagnes fupérieures.*

1689. X°. Enfin nous publierons nos travaux pour reconnoître le nombre de fiécles employés par la Nature à l'excavation de chaque efpèce de vallées, d'après dix ans d'obfervations & de travaux dans nos régions méridionales, observations vérifiées & continuées en notre absence par M. Roux, Curé de Fraiſſinet en Coiron. La vérité fut le but de nos recherches ; nous expoſerons tout ce qu'il a objecté dès le mois de Mai 1780 contre cette chronologie, contre le nombre de milliers d'années que nous avons fixé, & contre le ſyſtême de l'excavation des vallées par les eaux courantes fluviatiles : la ſolution des plus ingénieuſes objections imaginées ſur nos montagnes contre ce ſyſtême, ſera la confirmation la plus convaincante de la vérité que nous croyons avoir embraſſée, & qui n'a point été conſidérée encore ſous ces aspects.

1690. Nous avons avancé dans notre Diſcours préliminaire, que les vaſtes atterriſſemens des plaines, des environs des mers, & des bords des grands fleuves, étoient l'ouvrage de l'eau & des ſubſtances *diſſoutes ou détachées*. (pag. 37 & 38, tom. I.) l'eau courante, en effet, agit de deux manieres, elle diſſout, elle entraîne ; mais ſon énergie diſſolvante eſt infiniment plus active que fa force de charroi; vérité démontrée par le réfultat des opérations que nous publierons.

Or, il exifte dans la nature plufieurs caufes de la diffolution des roches dans leurs parties conftituantes; & c'eft ici la bafe, & les principes de la théorie à laquelle les obfervations & l'expérience nous ont conduit.

1691. *La diffolution*, eft produite par deux grandes caufes, la premiere, eft celle qui détruit l'adhéfion des fubftances homogènes, telles que le quartz, les bafaltes, les roches calcaires, &c. nous avons vû dans le cours de l'ouvrage ces opérations du principe deftructeur de la folidité, agent qui argilifie toutes les fubftances homogènes.

1692. Dans les roches compofées de parties heterogènes, nous avons vu ce principe attaquer une des fubftances du compofé & laiffer les autres. Ce magnifique phénomène a paru dans des granits trouvés dans les environs de Rocles. Agiffant en grand fur les fommets arrides & tous nuds des grandes montagnes, nous

F 4

avons vu les crevasses, & les premiers
linéamens des fleuves & des rivieres
qu'elles forment sur la surface de la terre.

1693. La seconde cause de la dissolu-
tion des roches, non moins puissante
que la précédente, c'est l'activité de la
chaleur & du froid diurne & nocturne, &
l'action des feux caniculaires & des gélées
des hivers à laquelle sont exposées les
roches nues de nos régions; cette force
exerce son énergie en petit tous les jours,
& d'une maniere presque insensible, mais
elle agit en grand & d'une maniere évi-
dente dans les deux saisons extrêmes de
l'année. Nos expériences nous ont conduit également à ce principe que nous
croyons avoir démontré dans cette partie
de nos travaux, principe que nous expri-
mons de la sorte : *les molécules qui cons-*
tituent les roches calcaires, granitiques &
volcaniques, ne sont douces ni malléables
comme celles des métaux, ni pliantes, ni
flexibles, comme celles qui constituent
les substances ligneuses organisées. Le
froid & le chaud qui ne nuisent presque
point à ces dernieres especes, détruisent

à la longue la connexion des molécules conftituantes des roches expofées à leur action : nous avons démontré cette importante vérité en calculant & en comparant la maffe fangeufe diffoute & entraînée par les eaux, en hiver & en été.

Voilà les deux grands principes, les agens principaux de la chymie de la Nature, dont nous avons dépeint l'énergie *tome I, difc. prél. pag. 3 & 4*, & dont nous démontrerons les variations & les degrès. Ce font là les opérations chymiques de la Nature, bien plus importantes que les opérations manuelles de la chymie artificielle qui n'agit qu'en petit dans des laboratoires factices ; comme force trufive, ce principe argilifie ou pulvérife toutes les fubftances ; comme deftructeur de la connexion des maffes, il fépare leurs parties intégrantes & c'eft ici la feconde caufe générale de la deftruction des montagnes.

1694. En effet, nous avons prouvé qu'il exifte dans toutes ces efpeces de roches un retrait des parties intégrantes. Les bafaltes, les roches calcaires, dont

on avoit pris jufqu'à préfent les couches
pour des fédimens divers, les granits,
toutes les fubftances minérales connues,
ont fubi des retraits; leur formation par
l'intermede de l'eau ou du feu, produit
cet effet; car le dégagement de l'élement
aqueux ou igné emporte néceffairement
un rapprochement des parties, & par
conféquent une difruption dans tout ce
qui n'eft point malléable, mais aigre &
vitreux dans fa conftitution.

1695. Or, ces retraits des parties font
dans toutes les efpeces de roches une
des caufes de leur deftruction; nous
avons déjà dépeint les effets poftérieurs
des gélées dans les carrières bafaltiques.

1696 J'ai long-tems cherché un exemple trivial des opérations de l'eau qui
par le frotement ufe des cailloux roulés
détachés des roches des montagnes, je
defirois d'offrir aux Naturaliftes des capitales, qui ne jugent de la nature que par
des échantillons, une image de la force
de l'eau, fecondée de la pefanteur des
maffes.

La circulation de la monnoie m'a paru

repréfenter en petit cet ouvrage de la
Nature. On fait qu'aujourd'hui les pieces
de monnoie battues aux premiers coins
de Louis XV, font très-ufées, que les
armes de France & les legendes font effacées, que les traits du Roi y font à peine
connoiffables. Voilà l'effet de la circulation & du frotement des pièces entr'elles;
plus elles font anciennes & plus elles font
ufées. Les efpeces en or compofées d'un
métal plus compacte, réfiftent davantage
& fe confervent mieux; les petites piéces
de fix liards fans ceffe maniées par le
peuple, n'ont plus que des empreintes
ufées, & j'ai obfervé que toutes les piéces
battues aux coins de la même fonte des
efpeces, étoient mieux confervées dans
nos contrées montagneufes des Cevènes,
qu'à Paris, à Avignon, villes ou j'ai refté
plufieurs années. Dans ces villes ces efpeces de peu de valeur font fans ceffe
en mouvement à caufe de l'activité du
commerce & de la multiplicité des ouvriers qui trafiquent, & dont la petite
monnoie repréfente les petites opérations.

Dans ces contrées montagneufes, au contraire, les efpeces infimes des monnoies ne fortent pas de ces régions ifolées; le pays eft peu commerçant; les petites efpeces y languiffent & ne fortent prefque pas des montagnes: elles doivent donc s'y conferver davantage; auffi a-t-on obfervé que dans la refonte des efpeces, les pieces monnoyées qui rentrent de ces pays dans les hôtels des monnoies, font bien mieux confervées que la maffe qui circule dans les comptoirs des commerçans des grandes villes & de la capitale.

Cette fimilitude offre tous les phénomènes des cailloux roulés que j'ai obfervés dans nos régions. Les cailloux ftationnaires ne font pas rongés, comme les pieces de monnoie confervées à caufe de l'inaction & de la vie peu commerçante & paifible de nos montagnards. Les pieces d'or font auffi mieux confervées, par ce qu'elles font compofées d'une matiere dure & folide, comme nos cailloux granitiques dont les plus durs réfiftent plus long-temps.

1697. Voilà les principes divers, nouveaux pour la plupart, qui nous ont donné
la folution des problêmes les plus intéreffans de Géographie phyfique ; ils expliquent furtout pourquoi les vallées font
en général plus larges & plus profondes
fur les lieux les plus élevés au-deffus de
la mer, & les plus éloignés de leurs eaux ;
pourquoi les pics des montagnes font plus
folides, plus compactes que les flancs &
le fond des vallées ? &c. &c.

Telles font les vérités que l'obfervation locale, les expériences & le raifonnement nous ont permis d'expofer fur la
plus importante queftion de la Géographie Phyfique du globe, & dont les réfultats appartiennent à la Phyfique la plus
fublime, ils tendent tous à la démonftration d'une nouvelle définition des lits des
fleuves que nous avons appelés : (tom. I,
§. 10.) *Enfoncemens* PRODUITS PAR LES
EAUX COURANTES. Or, fi les baffins des
fleuves eft l'ouvrage de la corrofion des
eaux courantes, il ne manque plus, pour
démontrer la théorie de toutes les formes
faillantes & enfoncées du globe, que d'af-

figner la caufe des premieres pentes qui
ont déterminé le cours des fleuves ; ces
pentes appartiennent à la chûte & au
courant des mers qui couvrirent tous les
continens, qui delaifferent, fur toutes les
hauteurs , des roches calcaires & des
reftes de leurs anciens habitans.

1698. Or , cette chûte fut opérée à
l'époque importante de l'excavation du
baffin de l'Océan , receptacle des eaux
courantes dans les continens.

M. le Baron de Marivetz & M. Gouf-
fier, ont donné l'idée la plus ingénieufe
fur la formation des hauteurs continentales. Ils penfent que la force centrifuge
du globe les a élevées vers l'équateur ,
d'où elles fe font propagées en forme de
continens pointus vers les poles.

Ce fyftême nouveau eft le plus con-
forme à la phyfique qu'on ait encore trouvé
pour expliquer les formes faillantes du
globe : nous l'obferverons en expofant
fur ce fujet, notre fentiment fondé fur
les cinq vérités fuivantes :

1699. I°. Le globe terreftre éprouve
une *force centripete vers le Soleil.*

1700. IIº. *La force d'impulsion* diminue l'énergie de la force centripete précédente, de manière que leur équilibre & leur combinaison forment le mouvement circulaire, comme l'a démontré Newton.

1701. IIIº. La terre tournant autour du Soleil tous les ans, éprouve un *mouvement de rotation* sur son axe tous les jours. Et il paroît, comme l'a exposé M. le Comte de Buffon, que le même coup d'impulsion qui a projetté le globe, lui a imprimé aussi le mouvement de rotation autour de son axe.

1702. IVº. Or, de ce mouvement autour de l'axe résulte *une force centrifuge* des parties solides du globe, surtout vers l'Equateur, à laquelle les Auteurs de la Physique du Monde attribuent l'élévation des continens.

1703. Vº. Cette force centrifuge est domptée par la force de compression de toutes les parties solides du globe vers le centre : toutes pesent ensemble, comme les pierres de la voûte du dôme des Invalides, vers le centre de leurs arcs :

l'énergie de cette cinquième force n'est
pas en équilibre avec la force centrifuge ; mais elle l'emporte infiniment, &
par sa nature & par ses effets.

1704. En résumant ces forces inhé-
rentes au globe, avouées de tous les As-
tronomes, universelles & conservatrices
du monde, il conste, 1°. que le mouvement de la terre autour du soleil est le
résultat de la force d'impulsion & de la
force centripete ; 2°. que la force de
rotation autour de l'axe est le produit de
la force d'impulsion ; 3°. que la force
centrifuge des parties du globe est le
produit de la rotation autour de l'axe ;
4°. que le poids des parties solides du
globe dompte l'énergie de leur force
centrifuge.

1705. Or, c'est à la force d'impulsion
qui a projetté le globe autour du soleil,
qui a imprimé le mouvement autour
de l'axe que j'attribue l'affaissement du
bassin de l'Océan. Ce grand choc opéra
le plus grand & le premier bouleverse-
ment du globe terrestre ; ce choc moteur qui précede la force centrifuge laquelle

quelle n'en eſt que le réſultat, ce choc
inopiné, véhément, inſtantané, primordial, a dû occaſionner des déſaſtres avant
la force centrifuge puiſqu'il la précede.

1706. Cette cataſtrophe opéra dans toutes les maſſes un ébranlement univerſel :
les parties les plus compactes de la terre
reſterent ſaillantes, toujours ſolides &
immobiles comme auparavant ; elles formerent les continens. Les diſruptions &
les affaiſſemens produiſirent les baſſins
des mers : le même coup forma les petites
mers Méditerranées & les lacs iſolés :
quelques ſciſſures des continens furent
le premier fond des vallées de pluſieurs
fleuves, fonds inondés enſuite de cailloux
roulés plus récens.

1707. C'eſt à ces cinq vérités que j'attribue la formation & la conſervation du
monde : & ces vérités ſont des principes
d'aſtronomie & de phyſique. Nous les
avons développées dans notre Chronologie phyſique qui ſera publiée après
avoir décrit en détail les minutieuſes obſervations ſur nos montagnes qui nous

Tom. IV.   G

ont permis de nous élever par degrés
jusques vers ces premieres spéculations;
revenons à la Chronologie des volcans.

HISTOIRE
NATURELLE
DES VOLCANS ÉTEINTS
DE LA SECONDE ÉPOQUE.

CHAPITRE PREMIER.

Récapitulation des faits observés dans les volcans de la première date pour lier leurs phénomènes avec ceux des volcans de la seconde. Eruption de ces volcans secondaires. Il ne reste de monumens de leurs ouvrages que sur les sommets sourcilleux des montagnes granitiques de Mezillac, Lachamp-Raphael, Gourdon & autres montagnes volcanisées du

G 2

Coiron. Comment s'eſt conſervé l'ou-
vrage de ces éruptions ſecondaires. Etat
actuel d'atterriſſement de leurs laves.
Ces atterriſſemens ou cailloux roulés
baſaltiques ſont conſervés ſous des cou-
lées de laves. Différence d'un atterriſ-
ſement fluviatile volcanique d'avec les
boues vomies par les volcans. Différence
d'un atterriſſement fluviatile volcani-
que d'avec une coulée volcanique ſuper-
poſée.

1708. A L'ÉPOQUE de l'éruption des volcans de la première date, la terre qui leur ſervit de fondement étoit toute nue, il n'exiſtoit encore ni poudingue ni autres productions ſubalternes de l'élement aqueux.

La lave toute pure qui gît immédia-tement dans la ſciſſure de la montagne eſt un reſte de la lave qui couvrit dans les plus anciennes périodes du monde phyſi-que ces régions élevées : or la roche qui la renferme étoit ſolide lorſqu'elle reçut dans ſon ſein cette ſubſtance incandeſ-

cente, puisque ce n'est pas le quartz qui
est venu circonscrire le filon basaltique,
mais le basalte qui est venu se mouler
dans les sinuosités les plus imperceptibles
de la scissure du granit. La formation
des roches granitiques, & leur solidité,
font des faits antérieurs aux éruptions des
plus anciens volcans.

1709. Déja ces volcans de la premiere
époque avoient ainsi posé leurs laves sur
ce fondement, & ces premiers monumens
des opérations du feu avoient déja souf-
fert de l'énergie destructive des eaux courantes qui renverserent ces frêles édifices
volcaniques composés de pièces mouvantes de nouvelle date.

1710. Alors se manifestèrent hors du
sein des mers les roches calcaires situées
sur les vieilles montagnes granitiques.
Nous traiterons des causes majeures qui
ont produit ce grand événement du monde
physique dans la suite de cet ouvrage.
Ne donnant aujourd'hui que la simple
histoire d'une contrée, & la chronologie
des objets divers qu'elle présente, nous

G 3

ne pouvons arrêter notre marche pour ces grands objets.

1711. C'eſt donc ſur ce terrein récent que de nouveaux volcans enflammés répandirent leurs laves, établirent leurs bouches ſaillantes ignivomes. Mais autant expoſés aux injures des élémens que les volcans de la premiere époque dont il ne reſte que des filons incruſtés dans la roche vive granitique, ces volcans ſecondaires furent en proie aux mêmes agens deſtructeurs; après la retraite des mers les eaux courantes pluviales agirent ſur ce terrein récemment ſorti du ſein des eaux, tout frais, moins ſolide & moins cohérant qu'aujourd'hui dans ſes parties conſtituantes; l'eau courante détacha des blocs de toutes les roches, elle arrondit ces maſſes, elle produiſit des cailloux roulés. Le granit, les ſchiſtes herboriſés, les carrieres baſaltiques, les premieres carrieres calcaires, tout ce qui étoit ſolide, & tout ce qui exiſtoit juſqu'à la préſente époque, fut donc excorié, altéré, ſoumis à l'action rongeante de l'eau courante, à son activité délayante, aux frottemens opérés par le charroi des déblais.

1711. De-là les atterriffemens fluviatiles exposés d'abord fur les roches granitiques de la haute montagne, prolongés avec la même direction de Mezillac vers Gourdon, vers le Coiron, & fitués fous le plateau fupérieur à tout, des laves qui appartiennent aux éruptions des volcans de la troifieme époque.

1713. Quelque étendus que foient ces déblais des plus anciennes montagnes, ils font néanmoins de la même époque de formation. Ils font pofés fur le même fyftême de montagnes, ils font par-tout enfouis fous une coulée immenfe de la troifieme époque qui les conferve comme les laves du Véfuve confervent Herculanum, ce qui leur affure la feconde place dans l'ordre chronologique, & les défend des injures des eaux courantes & de l'action deftructive des gelées, de l'air & de tous les événemens phyfiques qui arrivent dans l'atmofphere à l'air libre & hors du fein de la terre.

1714. Or ces atterriſſemens étonnans, ces anciens lits de rivieres renferment des cailloux roulés baſaltiques, des tronçons curieux & preſque arrondis de colonnes qui ont formé d'anciennes carrieres détruites, & qui ont fait partie par conſéquent d'une coulée baſaltique qui n'exiſte plus, qui a été formée après les volcans primitifs que nous avons décrits, & qui l'a été avant les volcans de la troiſieme époque, puiſque ceux-ci ont répandu leurs laves ſur les atterriſſemens.

1715. Jettez un coup-d'œil ſur la Planche premiere de ce volume, *p. 31*, voyez dans la fig. 2 l'image de ces monumens étonnans. Que ces quatre roches muettes, ſourcilleuſes & granitiques paroiſſent éloquentes à l'Obſervateur qui médite ſur leurs révolutions! voyez les quatre pieces fondamentales qui ſoutiennent tout l'édifice! voyez les couches d'atterriſſemens, déblais des montagnes ſupérieures, établis entre ces roches primitives & les coulées ſuperpoſées! voyez enfin les reſtes des volcans de date plus

récente , ces couronnes hériffées de
bafaltes , 1 , 2 , 3 & 4 dont la fituation,
établie par les effufions , n'a pas été tout-
à-fait dérangée ! N'eft-il pas avéré, au
feul afpect de ces contrées, que ces fommets font féparés par trois ravins ? ces ravins n'ont-ils pas été formés par l'eau
courante qui a tout coupé , qui a creufé
le fol , & qui a laiffé en profil à
droite & à gauche les carrières horifontales qu'elle avoit commencé de dé-
grader en fens horifontal en parcourant
ces régions ?

1716. Cet afpect fuffit donc pour offrir les trois faits fuivans , faits fucceffifs
démontrés par l'obfervation , & qu'on
peut exprimer en ces termes : les quatre
pics granitiques repréfentés dans la figure
feconde de la Planche premiere de ce
IV. vol. pag. 31 , annoncent l'exiftence
des fubftances granitiques , fondement
de toutes les matières de feconde date.

1717. Les atterriffemens qui font placés au-deffus annoncent l'ouvrage de
l'eau, les tronçons de bafalte démontrent
l'action des volcans qui les forma, &

celle de l'eau fluviale qui détruisit en-suite leurs ouvrages.

1718. Les couronnes basaltiques qui couvrent le tout, 1, 2, 3 & 4 donnent l'idée d'une éruption plus récente qui enfouit tous les produits du feu & de l'eau.

1719. Trois vallées enfin couperent la masse totale de la montagne qu'elles subdiviserent en quatre montagnes. Ar-rêtons ici nos pas, donnons à ces obser-vations locales toutes les preuves dont elles sont susceptibles en prevenant les objections qu'on peut nous présenter.

1720. Mais, dira-t-on, les atterrisse-mens intermédiaires dont vous avez dé-crit l'ensemble & la direction, ne sont-ils pas des produits immédiats d'un vol-can en activité plutôt que des ouvrages de l'eau courante fluviale qui détruit ces produits des volcans ? N'est-il pas avéré que les volcans projettent des substances boueuses analogues au limon, aux atter-rissemens des rivières ? Alors vous vous exposez à multiplier ces époques.

J'avoue que les volcans vomissent

quelquefois des laves boueuses; mais ces laves ne font jamais un agrégat exclufi- vement compofé de cailloux roulés, gra- nitiques, fchifteux ou calcaires : les pe- tits cailloux roulés font le produit d'un atterriffement fluviatile, & non point ce- lui d'un volcan qui ne configure jamais dans fon fein les fubftances en forme de petits galets.

1721. L'atterriffement que je décris eft au contraire compofé en partie de blocs de lave antérieurs mêlés avec les cailloux, de blocs prefque arrondis de bafaltes coupés en tronçons. Les fciffures bafaltiques font le réfultat des refroidif- femens; & les coupes géométriques des prifmes font l'ouvrage de la déperdition exactement graduée de la chaleur de ces maffes, comme je le demontrerai dans ma théorie de la formation des prifmes de bafalte. Il feroit ridicule d'écrire qu'un volcan a éprouvé une éruption de prif- mes bafaltiques & de cailloux roulés.

Cette obfervation eft d'autant plus néceffaire, qu'il exifte actuellement des curieux de phénomènes volcaniques, qui prennent pour des éruptions boueuses des volcans éteints, de petits morceaux de substances volcaniques usées par les eaux, & aglutinées par une travail secondaire.

CHAPITRE II.

Suite de l'histoire naturelle des Volcans de la seconde époque. Faits contemporains dans les autres regnes de la Nature. Premiers animaux fluviatiles. L'homogénéité primordiale des eaux fluviatiles & maritimes , permet aux habitans des mers & des fleuves de transmigrer d'un domaine dans l'autre ; partage des continens , des mers & des fleuves aux coquillages. Limaçons , nérites & buccins , trouvés dans les anciens atterrissemens sous des couches de laves & sur quelques sommets des montagnes les plus élevées de la France Méridionale. Antiquité de l'hermaphroditisme dans les coquillages : L'hermaphroditisme ne paroît point être une dégénération dans les êtres organisés. L'amour des sexes & de la reproduction destructeur des individus , & conservateur de l'espece.

1722. TANDIS que les phénomènes précédens se manifestoient sur la surface du globe, & que les eaux courantes fluviales détruisoient, par degrés, les monumens du feu changoient en cailloux roulés & en atterrissemens, les montagnes à cratere & les courans; ces eaux fluviales, occupant le terrein abandonné par les eaux maritimes, donnerent la vie aux premiers coquillages d'eaux douces.

1723. A cette époque, à jamais mémorable dans le monde physique, où la terre sortit du sein des eaux, où les montagnes éleverent leur sommet sur l'élément liquide, époque importante à laquelle il faut placer les plus grands faits du regne minéral, il arriva de même dans le regne des animaux une révolution célebre.

1624. Jusqu'alors il n'avoit existé dans le monde que des coquillages de mer. L'apparition du terrein hors du sein des eaux & la formation des eaux courantes fluviales multipliant les empires, multiplia aussi les familles des coquillages qui les habitoient: delà la distinction des trois especes de coquillages, les fluvia-

tilés, les maritimes & les terreftres. Ainfi
fe manifefterent fur la terre les genres des
cruftacés à mefure que les furfaces du
globe changerent de liquides en folides,
& que l'élément liquide, de flotant qu'il
étoit fur la terre en forme d'océan général, parcourut les continens dans les lits
des fleuves : examinons comment s'opéra
cette tranfmigration des cruftacés.

1725. Les fleuves ne font que de petits
filamens, fi on les compare à la maffe
de l'élément aqueux dans l'océan univerfel; ils ne font pas liés auffi intimément
avec le fyftême du globe, que ce grand
amas d'eaux accumulées ; ils ne reçoivent que des eaux du Ciel, la matiere premiere qui nourrit leurs ondes pures & lim-
pides : épurées par la volatilifation, reçues
fur des fommets de montagnes toutes
nues ou dans les prairies qui dominent dans
cette contrées, ces eaux s'épanchent
dans des refervoirs élevés ; les terreins
qu'elles parcourent ont été à peine altérés
par la matière végétale ou animale ; les
hommes peu nombreux dans cette région
n'ont point adultéré comme dans les

plaines inférieures l'ouvrage de la Nature.

Tout est pur dans ces contrées montagneuses, l'eau & la terre y sont dégagées du détriment des êtres organisés.

1726. Dans les basses régions du globe, dans les provinces qui sont baignées des eaux de la mer, la nature vivante y est bien plus puissante, il s'y forme autant d'êtres organisés que le sol peut en entretenir, la chaleur, principe de la vie, les multiplie autant qu'il est possible : les glaces & les neiges, ouvrages du froid, ne couvrent presque jamais le climat de l'oranger.

Les eaux maritimes, au contraire, qui occupent le bassin inférieur réceptacle de tout ce qui est fluide sur le globe, ne font qu'un suc lixiviel du monde organisé ; leur amertune & leur salure annoncent les débris du monde toujours en mouvement, toujours se détruisant dans ses individus, & toujours jeune dans ses especes.

D'après ces remarques on peut observer

ver que lorfque la mer couvroit tous les
continens, elle n'étoit ni falée ni amere,
fi toutefois ces deux qualités proviennent
du détriment des végétaux & des animaux
diffous par les eaux courantes : alors le
partage des coquillages en maritimes, en
fluviatiles, en terreftres & en amphibies
fut plus aifé, il n'en couta pas davantage
à un limaçon de tranfmigrer de la mer
dans le fleuve, qu'il en couteroit aujourd'hui à ce limaçon de paffer d'un
fleuve dans un autre ; l'homogénéité primordiale de toutes les eaux de la terre,
permit ces partages qui établiffent la premiere & la plus importante des anecdotes
des anciens cruftacés.

1727. D'un autre côté, les continens
étoient fi boueux à l'époque de leur fortie
du fein des eaux, que les coquillages
maritimes purent habiter ces nouvelles
régions. Les coquillages amphibies ne
manquerent ni de folide ni de liquide
pour vivre dès lors felon leur befoin dans
l'air ou dans l'eau. Nous verrons dans la
chronologie du globe à quelle époque

Tom. IV.   H

les mers devinrent falées. Les falines fituées à certaines élévations au-deffus du niveau actuel de ces mers, au-deffous des couches ou coquillieres, ou argileufes, & dans une certaine pofition remarquable nous retracerons la marche de l'élément liquide & fes dépôts de fel, comme les coquilles foffiles annoncent les reftes des habitans des mers.

1728. Les coquillages fluviatiles font donc très-anciens fur la furface de la terre & d'après les obfervations faites dans l'atterriffement caillouté fitué entre les hautes roches du Coiron, & la coulée de laves fuperpofées, il confte que les limaçons, la nérite & les buccins, floriffoient alors dans nos rivieres primitives, comme aujourd'hui. La découverte de leur coquille pétrifiée dans ces anciens lits de riviere, donne le plus grand jour aux chroniques du regne animal cruftacé.

1729. La nérite obfervée peut être definie, *nerita nigrefcens, teftâ lividâ, anfraclibus feptem* : environnée de fable folidifié de cailloux roulés, de laves ufées par le roulis des eaux, elle fait corps avec le grand atterriffement fluviatile.

Les buccins paroiffent avoir exifté à ce même âge, ils font hermaphrodites, & on connoît les merveilles qui s'operent dans ces efpeces de cruftacés pendant l'acte de la conception. Un buccin doué des deux fexes peut fervir une femelle & un mâle à la fois : nos ruiffeaux offrent quelquefois de longues traînées d'individus accouplés; chacun d'eux agit, pendant la copulation, par lui-même, & fouffre l'action de fon voifin : le premier & le dernier de la traînée feulement n'operent que comme agens ou fouffrans fans pouvoir jouir des deux fexes que lorfque les deux bouts de la traînée fe rencontrent & forment le cercle.

1730. Cet admirable hermaphroditifme paroît donc avoir exifté dans cette famille de cruftacés, dans les antiques périodes du monde phyfique : il ne femble pas que cette maniere de reproduire foit une dégénération opérée par

H 2

le laps des temps, comme quelques Philosophes l'ont écrit. On peut définir le buccin que j'ai observé dans la même roche d'atterrissement, *Buccinum septem spirarum & nigrescens.*

1731. Le plaisir fut ainsi dans tous les temps le grand moteur de l'Univers. A la vérité il détruit, à la longue, l'individu à mesure qu'il multiplie son être; mais il maintient l'espèce. Et tandis qu'il opère ainsi la destruction en détail, il soutient en grand la Nature dans sa jeunesse & sa vigueur; il commande à tous les êtres vivans, il fait sentir ses aiguillons aux êtres organisés sanguins. L'homme seul peut s'élever au-dessus de son empire, & maîtriser le besoin : le sage s'en fait une loi : il asservit à la raison le système sensible de son être pour conserver au principe pensant toute sa vigueur, pour ne point le distraire dans ses spéculations, & pour dire avec une secrete satisfaction, la raison commande à toutes les autres facultés de mon être.

1732. Après ces remarques, nous ob-

ferverons qu'à l'époque de la formation
de ces anciens lits de rivières, les coquillages fluviatiles étoient de la même
famille que ceux que nos rivières offrent
aujourd'hui.

1733. Nous n'avons diftingué jufqu'à
préfent que deux efpèces de volcans qui
ont agi à deux reprifes différentes : les
filons de lave dans le granit primitif & les
atterriffemens de lave en font les monumens. On peut objeéter, contre la fucceffion de ces deux époques que nous
venons d'établir, que ces atterriffemens
que j'ai dit annoncer des volcans fecondaires peuvent être des décombres des
premiers ; dans ce cas il eft évident que
je multiplierois les époques.

Cette objeétion, qui paroît d'abord
fpécieufe, eft nulle par la defcription du
local : il eft évident que la lave bafaltique folide de la premiere époque, fituée
fur les montagnes des Boutières, alterée
par les eaux & changée en atterriffemens,
n'a pas été tranfportée fur des fommets
de montagnes plus élevées, les atter-

riffemens verfent avec les eaux de haut
en bas, & jamais dans le fens contraire :
ces bafaltes à filons font donc plus anciens
que les bafaltes en atterriffemens.

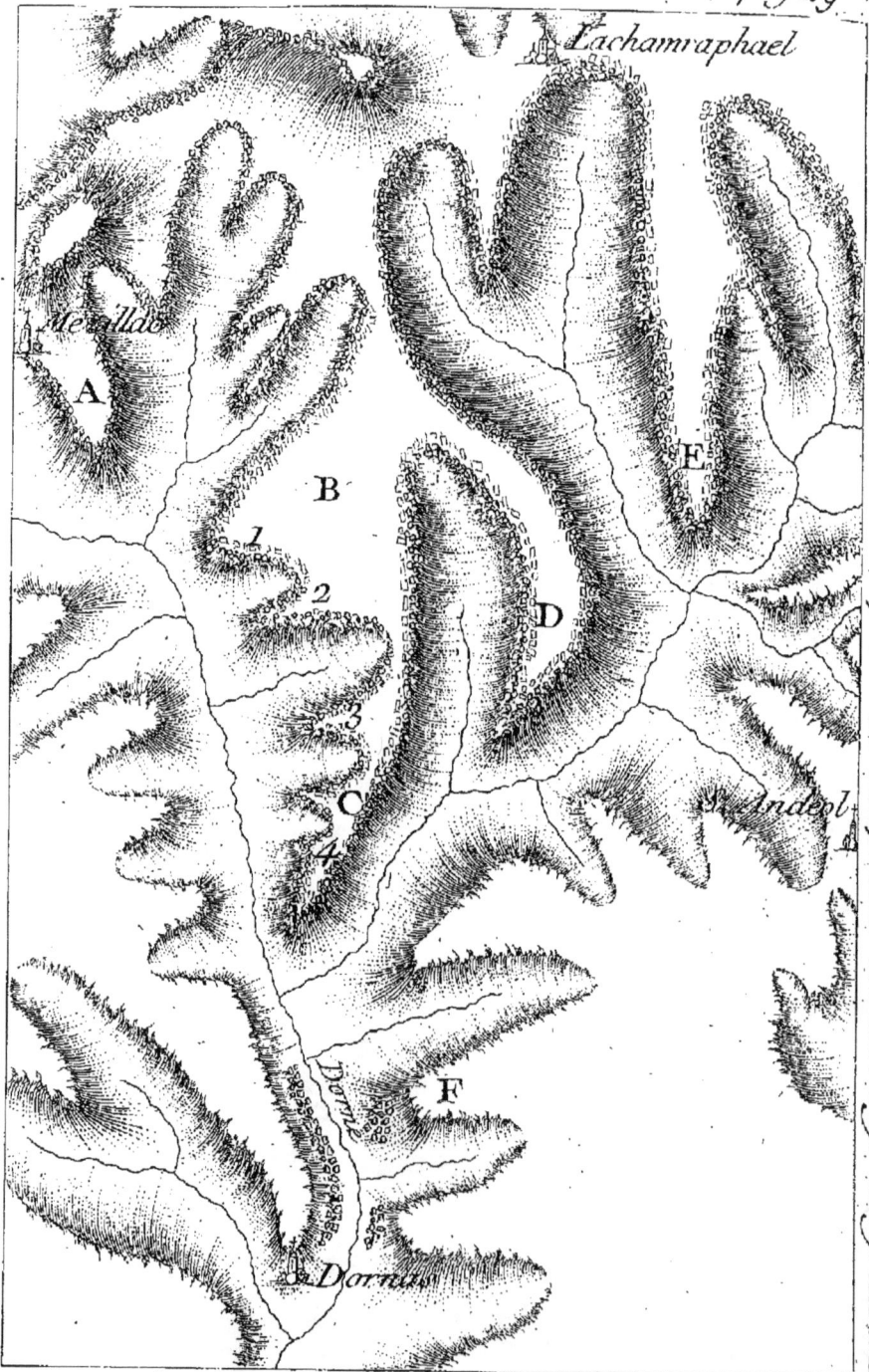

Volcans de la 3.ᵉ et 4.ᵉ époque.

HISTOIRE
NATURELLE
DES VOLCANS ÉTEINTS
DE LA TROISIERE ÉPOQUE.

CHAPITRE PREMIER.

*Description des vestiges des volcans de
la troisième époque : ils sont sans cratère
& sans montagne ignivome. Explication
de la figure où ils sont vus en profil.
Explication du plan géométral où les
laves & leurs courans sont représentés à
vue d'oiseau. L'eau courante fluviale
forme des excavations & des vallées
dans les coulées de lave. Aspect de la
vallée de Dornas creusée dans la lave,*

H 4

& enfuite dans la roche granitique fon-
damentale. Noms & defcription fuccincte
des autres volcans de la France méri-
dionale qu'on doit placer dans la même
époque.

1734. JUSQUES à la préfente
époque, qui eft la troifième
dans l'ordre des volcans,
nous n'avons vu que des décombres dans
les laves. Aucun des monumens du feu
n'a paru intacte. Semblables aux anciens
édifices bâtis par la main de l'homme &
renverfés par le temps, les laves, les bafaltes & les productions de ces premiers
volcans ont été rémués par les eaux courantes, changés en atterriffemens & en
cailloux roulés; les bouches faillantes
fe font effacées, & leurs courans détruits. Semblables encore aux vieilles
mafures d'Albe, ancienne Colonie Romaine & Capitale des Helviens, rafée de
fond en comble par un Crocus, con-
quérant irrité & barbare : il ne refte plus
aucun édifice de cette ville, l'Architecte &
l'Antiquaire éclairés peuvent feuls nous

dire, voilà des reftes d'un monument dont les colonnes étoient d'ordre Ionique ou Corinthien; voilà des apparences de l'ordre Tofcan : ici font des ftatues Egyptiennes ; là des figures Grecques ou Romaines.

1635. Nous décrirons déformais des monumens volcaniques mieux confervés, nous obferverons leurs laves, non fous la forme de décombres; mais fous celle de coulées, & nous ferons fondés dans la place chronologique que nous leur affurerons, parce que ces coulées ont inondé les monumens volcaniques précédens.

1736. Nous avons vu jufqu'à préfent dans l'ordre chronologique , des roches granitiques, des volcans antiques qui agiterent ces montagnes, des roches calcaires primordiales, des atterriffemens fuperpofés ; toutes ces fuperpofitions ont déterminé la fucceffion des volcans d'une manière inconteftable ; elles établiffent auffi la date refpective des volcans de la troifieme époque dont nous écrivons l'hiftoire.

En effet, après les faits précédens, après l'établissement de toutes ces roches superposées, ouvrages succeffifs de l'élément aqueux, après la retraite des eaux formatrices, après le regne des plantes primordiales, une grande coulée de laves vint inonder ces contrées, ce déluge de feu enfouit tous ces monumens de l'hiftoire ancienne du globe comme les effusions du Vefuve ont enfeveli dans les temps modernes de la nature, une ville entière & tous fes habitans.

1737. Jettez les yeux fur la Planche I, fig. 2, pag. 31, & voyez fous quel appareil pittorefque fe préfentent ces reftes des volcans de la troifième époque. Quelques crètes bafaltiques, 1, 2, 3 & 4 couronnent des pics efcarpés & féparés par des vallées; c'eft à leurs dépens & à ceux du fol fondamental que les eaux courantes ont formé ces excavations intermédiaires : les eaux ont coupé ces roches folides prefque à pic, & les mêmes eaux detruifent encore tous les jours, & furtout pendant les grandes averfes, ces an-

tiques ouvrages. Tel eſt l'aſpect des volcans de la troiſième époque, lorſqu'on
obſerve leurs reſtes du pied de ces montagnes.

1738. Obſervez à préſent avec attention la Planche III. p. 119, & conſidérez
tous ces monumens dans la carte géographique des mêmes régions. Les objets
vus de profil dans la Planche I. fig. 2,
ſont apperçus à vue d'oiſeau dans cette
autre gravure dont je vais donner l'explication. Les pics 1, 2, 3 & 4 correſpondent aux mêmes chiffres de la Planche I, fig. 2, & aux mêmes pics 1, 2, 3
& 4. A, B, C, D, E ſont de grandes
plaines en montagne peu inclinées à l'horiſon : elles donnent naiſſance à quelques
grandes vallées ſituées entre A & B, entre D, E, C, F. De petits ravins intermédiaires ſortent auſſi de ces élévations.
des ruiſſeaux arroſent le fond des vallées:
& forment, en ſe réuniſſant, la riviere
dite *la Dorne* : les villages de la Champ-
Raphael & de Mézillac ſont ſitués ſur les
plateaux ſupérieurs d'où coulent les eaux.

Le fond de ces vallées eſt ſchiſteux ou granitique; les côteaux ſont de même nature; mais les ſommets de montagnes A, B, C, D, E ſont couverts d'une grande coulée de baſaltes ou de laves qui ont inondé tout le terrein primitif : les bords de ces coulées ſont eſcarpés, comme on le voit dans les ſommets 1, 2, 3, 4 de la Planche I, pag. 31, fig. 2.

1739. Ce grand plateau de lave remplit les plaines volcaniſées de la Champ-Raphael & du bois de Cuſe qui s'étendent par Mezillac & Gourdon vers les ſommets volcaniſés des monts Coiron, & qui forment le pays appellé *la Haute Montagne*.

1740. Le fond des vallées creuſées dans la coulée baſaltique & dans le granit, eſt jonché de cailloux roulés granitiques, ſchiſteux, baſaltiques, &c. Les débris des montagnes ſupérieures ſont épars dans les baſſes régions; c'eſt ici un amas confus d'échantillons de toute la minéralogie de la contrée élevée : & comme il eſt décidé que les ſommets des

montagnes perdent toujours de leurs fubftances fans rien gagner, on ne trouve
jamais fur les lieux les plus élevés de
cailloux granitiques, mais on les obferve
vers le milieu de la vallée, où le fol eft
changé de bafaltique en granitique.

1741. Pour remplir donc ces efpaces
larges & profonds, pour fe placer à ce
moment où les volcans de la troifième
époque vomirent ces fubftances, il faut
fe repréfenter ce temps antique où
le fol n'étoit point encore fillonné de
vallées, alors A, B, C, D, E, F n'é-
toient féparés par aucune fciffure, tout
étoit plain & prefque horifontal, & c'eft
fur cette furface que ces volcans repandirent leurs bafaltes.

1742. Depuis cette éruption les eaux
courantes ont agi fur la furface de lave,
elles ont fculpté à la longue ces formes
faillantes exprimées dans la Carte; les
cailloux roulés en font les détrimens,
comme la pouffiere & les débris de marbre que le fculpteur foule aux pieds font
les détrimens du bloc changé en ftatue.

Ce chapitre suffit pour démontrer l'excavation des vallées par les eaux courantes.

CHAPITRE II.

Vue des décombres des volcans de la pre-
miere, seconde & troisieme époque. Des
cailloux roulés basaltiques inserés dans
une pierre calcaire secondaire. Cette ob-
servation démontre que la base des mon-
tagnes volcanisées du Vivarais étoit ar-
rosée des eaux maritimes à l'époque de
leurs éruptions. Continuation de l'His-
toire ancienne du monde organisé aqua-
tique. Changement ou altération des fa-
milles primordiales des coquilles. Preu-
ves de la formation des roches calcaires
de plusieurs époques. Etat du globe
terrestre à l'époque des volcans de la
troisieme date. Comparaison de cet état
à l'état primordial des premieres érup-
tions. Union de l'histoire des volcans
de la troisieme époque à celle des vol-
cans d'Aubenas, Dornas, Privas,
Aps. Récapitulation de toutes les épo-
ques depuis les premiers volcans jusqu'à
ceux de la quatrieme.

1743. JUSQU'APRÉSENT nous avons
vu dans les filons basaltiques de la pre-

miere date, dans les atterriſſemens de la
ſeconde, & dans les buttes baſaltiques
de la troiſieme, des veſtiges peu conſidérables des anciens incendies : leurs montagnes ſaillantes à cratère & leurs courans ont été déblayés par les eaux. Ces
filons, ces atterriſſemens élevés, ces buttes baſaltiques délaiſſés par les eaux, faiſoient corps avec le reſte de laves détruites dont l'enſemble forme la charpente & le ſyſtême d'un volcan.

1744. On peut nous demander ce que
ſont devenus les décombres de tant de
volcans. Nous offrirons donc les larges
& profonds atterriſſemens du lit du Rhône
qui s'étendent dans la plaine du Dauphiné & occupent tous ces terreins de
date récente depuis le Vivarais juſqu'à
la Méditerranée ; entraînés par les eaux,
par les alluvions & les averſes, ils ſe
ſont ſuperpoſés mutuellement, ils occupent les profondeurs du lit du Rhone
& celles de la mer.

1745. Voyez le coquillage nommé
Frippier qu'on a trouvé dans la Méditerranée & dans l'Océan. On ſait que
cet

cet habitant du fond des mers s'habille
de fragmens des coquilles de ses semblables, qu'il forme son dos de petits
cailloux roulés rangés en spirale : ces
cailloux sont calcaires, granitiques &
basaltiques; quoique la mer ne paroisse
agir dans ces lieux que sur des sables.
On voit donc que les eaux courantes
peuvent agiter, user, arondir & changer
à la longue en petits cailloux roulés
toutes les masses détachées de nos montagnes, & que les eaux les entraînent
jusques dans la mer.

1747. Ce terrein mouvant de la plaine
du Rhône est situé sur des carrières dites
Pierres blanches, dans lesquelles j'ai trouvé des pierres roulées basaltiques.

1748. Ce fait annonce d'une maniere
incontestable qu'à cette époque des éruptions volcaniques, le pied des montagnes
étoit arrosé des eaux de la mer. Qu'à
cette circonstance la vase secondaire
qu'elle élaboroit étoit fluide, puisqu'elle
admit dans son sein des corps étrangers.
Alors les coquillages étoient bien différens des anciens dont les analogues ne pa-

Tom. IV.   I

roiſſent plus dans la roche calcaire qui contient les cailloux roulés dont nous parlons.

1749. Nous donnerons dans notre Hiſtoire chronologique générale, la carte de la ſtation de cette ancienne mer, qui, après ſa premiere chûte des hautes montagnes, s'arrêta vers le bas Vivarais, formant des pierres blanches calcaires, des poudingues, nourriſſant des cruſtacés du troiſieme âge, couvant ſous ſes eaux les feux volcaniques d'Aps, de Rochemaure, &c. détruiſant par les coups redoublés de ſes flots la charpente extérieure des montagnes ignivomes, comme la Méditerranée, démantele l'enſemble du volçan de Breſcou dont elle baigne les bords; car comme les continens ſont abandonnés à l'action des eaux courantes fluviales, le fond des mers eſt de même en proie à l'action des flots.

1750. En réſumant tous les faits précédens, on trouve donc dans l'ordre chronologique, comme dans l'ordre de ſuperpoſition des maſſes,

I°. La vieille roche granitique, reſte de l'ancien monde.

II°. Le monument du plus ancien volcan en forme de filon dans cette montagne.

III°. Une roche calcaire primordiale (avec des coquilles pétrifiées dont les analogues ont disparu dans la Méditerranée), posée & formée sur la précédente dans un âge postérieur.

IV°. Une roche ardoisée avec empreintes de végétaux, dont les analogues se trouvent dans les pays chauds.

V°. Un ancien lit de rivière en Coiron, & d'anciens atterrissemens sur les hauteurs des environs de Mezillac, reste d'un fleuve considérable qui parcouroit ces hauteurs.

VI°. Des coquilles fossiles fluviatiles.

VII°. Des coulées d'un volcan de troisieme date qui inondent les choses précédentes (depuis I jusqu'à VII), qui couvrent toutes les montagnes, remplissent leurs vallées primitives qui appartiennent à la formation des premieres scissures du globe, comme je le dirai ci après.

VIII°. Des excavations affreuses dans ces terreins en forme de vallées, par l'action des eaux courantes, qui verſoient dans l'ancienne mer voiſine.

IX°. L'action des flots de cette mer ſtationnaire ſous les montagnes du Coiron dont elle battoit les flancs.

X°. La vaſe de cette mer qui à Bourg-Saint-Andéol & ailleurs formoit la pierre calcaire, tendre & blanche dans les bas-fonds de cet âge.

XI°. Le regne des coquillages de cet âge, différent de ceux du premier, qui floriſſoient avant l'éruption des volcans qui ont poſé leurs laves ſur les roches calcaires.

XII°. L'intromiſſion des cailloux ba-ſaltiques roulés dans la roche calcaire, blanche, vaſeuſe.

XIII°. L'éruption ſous-marine des vol-cans d'Aubenas, d'Aps, de Roche-Maure, & la formation de quelques ſpaths dans la lave, ſur la lave, & entre les couches de lave qu'on ne trouve pas ſur les volcans plus élevés: ces volcans ſous-marins ne s'offrent que ſous l'aſpect du plus ſingu-lier délabrement.

La ſucceſſion de tous ces faits eſt ſuſ-

ceptible d'une démonftration mathématique, par la fuperpofition des maffes hétérogènes.

XIV°. Enfin nous devons aux effufions
des volcans de la troifieme époque, dont
nous donnons l'hiftoire, la confervation
de tous les monumens, à dater des plus
anciennes roches granitiques inférieures.

En effet, les coulées de troifieme date
ont enfoui toutes ces fubftances, elles
ont déterminé les eaux courantes à changer de direction dans leurs écoulemens,
elles nous ont tranfmis ces divers objets & ces beaux monumens des anciens
faits de la Nature, comme les laves du
Vefuve, nous ont confervé les antiqui-
tés d'Herculanum. Fut-il jamais dans la
Nature des objets auffi frappans que ces
puiffantes coulées de la haute montagne
du Vivarais & du mont Coiron; ce toît
immenfe de lave, qui met à l'abri tant de
merveilles, méritoit bien une hiftoire
détaillée & particuliere.

Dans les époques poftérieures nous
obferverons les volcans plus modernes
qui ont percé dans des vallées creufées

dans les roches précédentes. Ces nouveaux volcans ne feront point fitués fur
des plateaux de montagnes ; mais dans
de profondes excavations, dans des vallées creufées par les rivieres, ou dans le
baffin même de la mer qui inondoit alors
le bas Vivarais, tandis que les fommets
des montagnes projettoient des feux &
des torrens de laves.

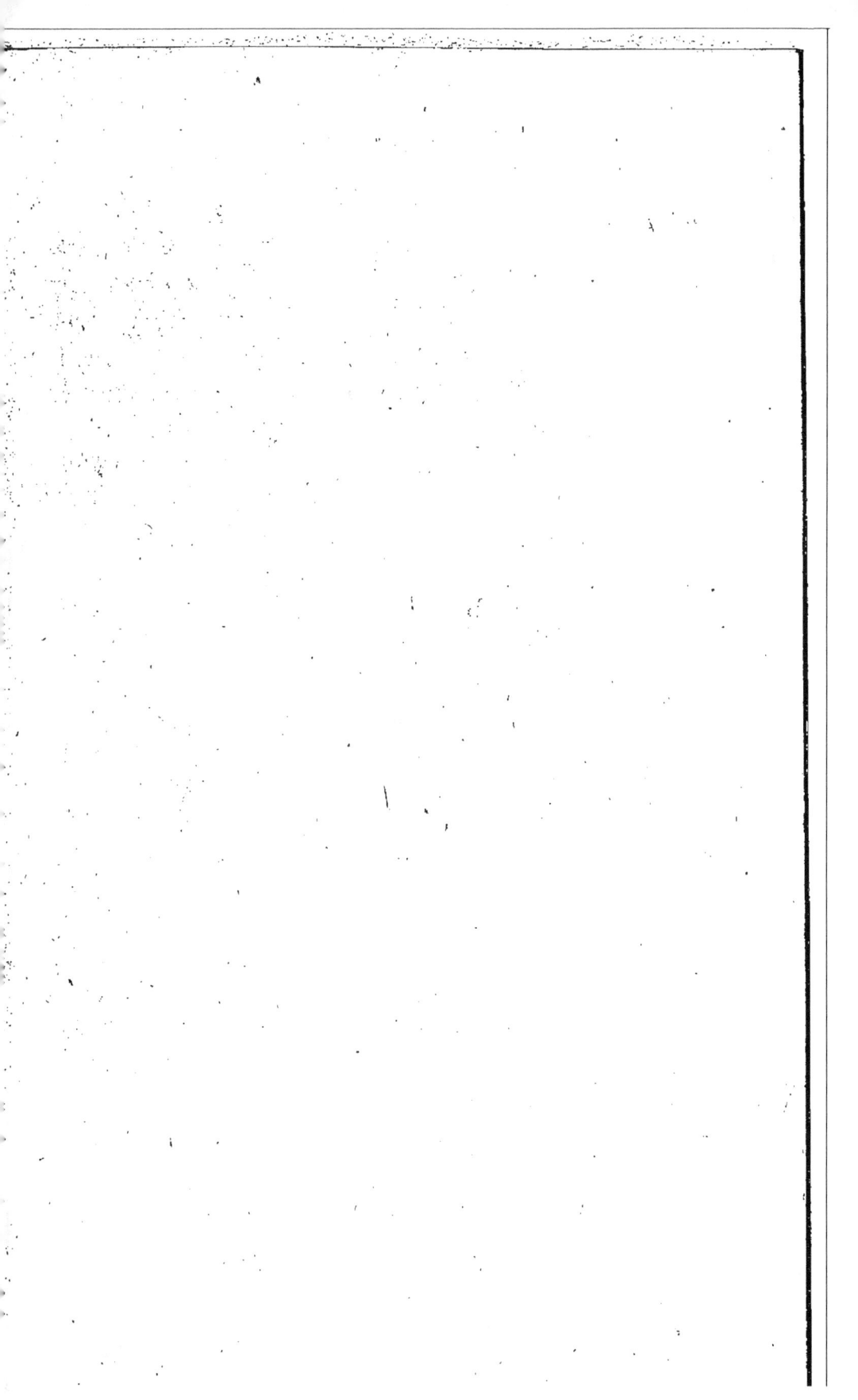

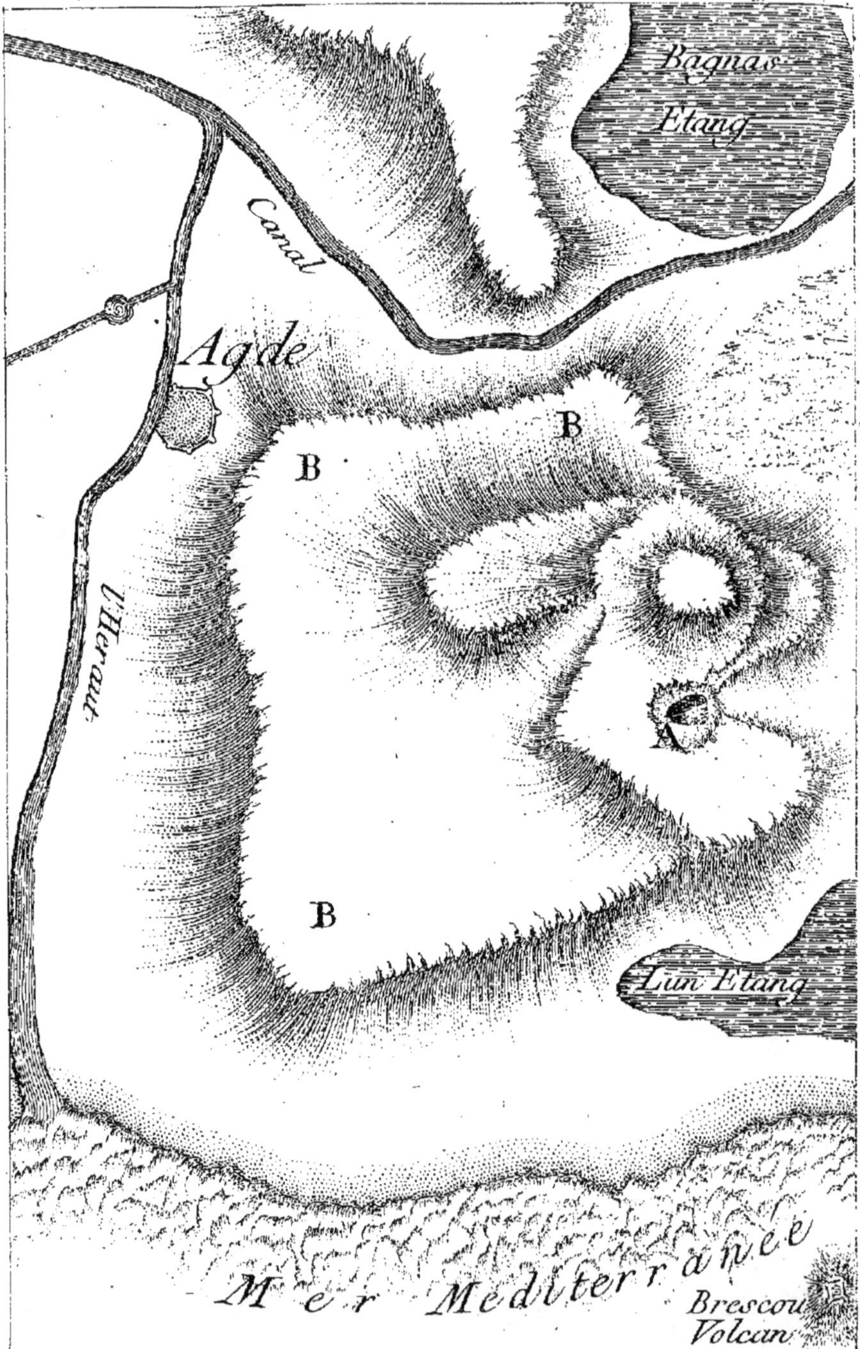

Bagnas Etang

Canal

Agde

B

B

l'Herault

B

A

Lun Etang

Mer Mediterranée

Brescou Volcan

A. Cratere du Volcan de la Crémade.

Levée sur les lieux et Gravée par M. Duplain-Triel Ing. Géog. du Roi

HISTOIRE
NATURELLE
DES VOLCANS ÉTEINTS
DE LA QUATRIEME ÉPOQUE.

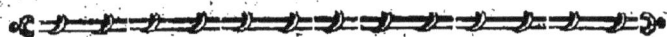

CHAPITRE PREMIER.

Les excavations en forme de ravins & de vallées, creusées dans le vif des grandes coulées horisontales basaltiques, sont plus récentes que la coulée de laves dans laquelle elles sont exprimées. Continuation de ces ravins & vallées dans le vif du granit inférieur. Comment des volcans plus récens enfanterent à travers ces granits & dans ces vallées nouvellement excavées. Leurs éruptions occu-

I 4

pent la quatrieme place dans l'ordre chronologique. Les mêmes eaux qui avoient creusé la vallée détruisent l'ouvrage du volcan établi dans ces grandes scissures. Comment la Nature s'est soulagée en multipliant les volcans de cette date & en perçant ces vallées.

1751. APRÈS que tous ces volcans de la premiere, seconde & troisieme époque eurent agi, que les eaux courantes eurent formé de profondes vallées dans leurs immenses coulées de laves, & que les contrées volcanisées de cet âge furent sillonnées d'excavations longitudinales, de nouveaux volcans se firent jour dans le sein de ces vallées à travers les roches granitiques.

1752. Je prouve la succession de tous ces faits par la seule description du site de ces volcans plus récens dans les vallées. Il est évident d'abord que ces excavations ont été formées après l'établissement des laves des plateaux supérieurs, puisqu'il faut que celles-ci aient été vomies avant d'être fillonnées. Si je trouve donc dans le fond de cette vallée un courant de bafaltes, je dirai que ces laves appartiennent à une éruption plus récente.

1753. La Nature a paru toujours agiffante depuis l'éruption des volcans de la troifième époque jufqu'à celle que nous décrivons. L'efpace de temps intermédiaire eft rempli par les travaux de l'élement aqueux qui diffolvoit, entraînoit, ufoit tous les terreins, élaboroit des poudingues & des atterriffemens, & ramaffoit au fond des vallées & vers le voifinage de la mer, les dépôts horifontaux qui forment la plaine du fleuve.

1754. C'eft dans cette fituation des faits de la Nature que les premiers volcans des vallées percerent ces nouveaux terreins excavés, ils étendirent leurs laves comme un fleuve au fond de ces fciffures du globe; ces laves couvrirent les anciens lits des rivieres, elles enfouirent pour quelque temps les atterriffemens & tous les cailloux roulés, elles fe refroidirent & fe configurerent en prifmes par les loix du retrait.

1755. Alors les rivieres agirent fur ce nouveau terrein, elles travaillerent à recouvrer leur domaine, elles fe creuferent un lit dans la coulée de lave, elles laifferent à droite & à gauche des remparts perpendiculaires bafaltiques : les criftallifations prifmatiques parurent avec tout leur appareil impofant, & la riviere récupéra fon ancien domaine en détruifant l'ouvrage du feu qui occupoit fon lit. Telle eft l'hiftoire du volcan de Dornas, dont il ne refte que quelques roches bafaltiques exprimées dans la Planche III, pag. 119.

1756. Il faut avoir tous ces faits préfens à l'efprit lorfqu'on veut expliquer comment les volcans font tombés peuà-peu dans le degré de décrépitude & à ce point de deftruction qu'ils préfentent à l'Obfervateur. Sans une profonde méditation de ces travaux fucceffifs on s'expofe en voyant une butte volcanique, ou un amas de colonnes bafaltiques, à croire que la terre les a enfantés comme un champignon, tandis que le temps les a délabrés comme les anciens monumens

des Romains pris pour exemple, dont il
ne reste que des traces, des angles, des
buttes, &c.

1757. En multipliant les éruptions,
la Nature se soulageoit : elle se débar-
rassoit ainsi peu-à-peu d'un feu souterrein que je montrerai s'être manifesté
d'un foyer très-profond ; il fut plus aisé
à ce feu, après l'excavation des vallées,
de percer le sol à travers ces enfoncemens,
que de secouer les sommets ; les forces
expulsives y trouverent moins de résistance à cause de la moindre quantité de
matiere superposée ; alors agirent les
volcans de la cinquième époque que
nous décrirons après avoir considéré
quelques autres volcans sous-marins,
de la quatrieme date dont nous écrivons
l'Histoire.

CHAPITRE II.

Des volcans sous-marins de la quatrième époque. Les volcans de Privas, de Rochemaure, d'Aps, d'Aubenas, & tous ceux qui environnent les monts Coiron en Vivarais appartiennent à cette époque. De l'état de conservation de ces volcans. Des zéolites incluses dans leurs laves. Des filons spathiques entre quelques colonnes basaltiques. Des opérations contemporaines de la mer de cet âge. Roches calcaires blanches. Coquilles pétrifiées. Cailloux roulés basaltiques dans les roches. Comparaison de ce qui s'est passé pendant cette quatrième époque avec ce qui s'opere aujourd'hui à Agde sur les bords de la mer. Action des eaux maritimes sur le volcan de Brescou. De l'action des courans de mer sur le sol de la terre inondé, & de l'action des eaux courantes fluviales dans les continens. Objection remarquable de M. l'Abbé Roux, Prieur de Fraissinet,

*Village situé sur les hauteurs des mon-
tagnes volcanisées du Coiron, contre les
volcans sous-marins de la quatrieme
époque.*

1758. PENDANT que les volcans de
la quatrieme époque agiſſoient dans nos
régions méridionales, la mer inondoit
les hauteurs d'Aubenas, d'Aps, de Rochemaure, de Privas. Pour l'intelligence
de ce chapitre, voyez la Carte du Vivarais : les volcans, leurs coulées, les régions calcaires, &c, y ſont enluminés.

Alors les hauteurs du Coiron offroient
leur crêtes brûlées ſur la ſurface des eaux.
Les ſommets granitiques ou ſchiſteux de
la chaîne longitudinale des Cevennes qui
part du nord au midi de la France, les
hauteurs des Pyrénéés, les hautes montagnes de la Provence, de la Savoie, de la
Suiſſe, du Morvant, toutes ces longues
chaînes primitives qui tiennent enſemble,
qui forment par leur propagation les baſſins des fleuves, qui les ſéparent mutuellement, étoient ſituées ſur le niveau des

eaux; il n'exiſtoit alors ni des mers Méditerranées, ni des mers Caſpiennes, ni aucun
de nos grands lacs inférieurs. Un océan
univerſel couvroit tous les bas-fonds qui
forment aujourd'hui des continens.

1759. Des mouvemens convulſifs de
la terre précéderent l'enfantement de
ces volcans ſous marins. La roche calcaire du fond du Coiron, du Maillagués
& des Baſſes - Boutières, alors ſolide
comme celle qui eſt inondée encore aujourd'hui des eaux de la Méditerranée,
éprouva tous les efforts de trépidation.
Les forces expulſives agirent de bas en
haut, comme une mine, ſouleverént le
ſol calcaire, formerent des ſciſſures, des
écartemens, des ſolutions de continuité,
toutes ces ſéparations furent remplies de
lave. Et comme ces forces avoient opéré
les mêmes effets pendant l'éruption des
volcans primitifs ſur les montagnes granitiques dont nous avons obſervé les filons, les
volcans de la quatrieme époque opérerent les mêmes effets dans la roche calcaire
plus récente, poſée ſur la montagne antérieure de granit; elle fut fracturée, comme

la précédente, par les forces convulfives
fouterreines.

1760. Plufieurs raifons nous portent
à croire qu'à cette quatrieme époque des
volcans, la matiere calcaire du fond du
Coiron, du Maillagués & des Baffes-Boutières étoit folide; 1°. parce que j'ai trouvé
dans les laves qui avoifinent ces roches,
des blocs de pierre calcaire que le feu a
fait décrépiter, la lave s'eft logée alors
dans les plus petites fentes de la matiere,
elle en a rempli les finuofités, & même
les vides les plus capillaires. Or il eft reconnu en chymie qu'une matière fondue,
incandefcente ne peut fe copuler avec
une fubftance boueufe, on fait combien
de chocs & de répercutions fpontanées,
fuivent le contact d'un métal fondu & de
l'eau (767). L'union intime des fubftances fondues & fangeufes eft phyfique-
ment impoffible; il eft donc avéré par le
feul fait, que le bafalte fondu s'eft introduit dans le cas préfent dans la roche
folide décrépitée.

1761. 2°. Ce phénomène s'eft opéré
en grand dans les fciffures larges & pro-

fondes de la roche calcaire de ces volcans fous-marins (1134). Secoué par les forces fouterreines de bas en haut, le fol de ces volcans fous-marins éprouva des fciffures qui fe propagerent en tous fens, & qui furent remplies de lave : ces fciffures s'avancerent même jufques vers les monts Coiron; j'ai vu de pareilles fentes s'élever vers la montagne dans la roche vive & calcaire. J'ai obfervé dans ces filons bafaltiques des choerls, des zéolites que l'acide nitreux change en gelée & dans les interftices formés par le retrait, des criftaux de fpath qui font une vive effervefcence avec les acides.

1762. Mais fi l'ancienne mer, qui couvroit toutes ces terres, qui inondoit tous ces volcans, n'élaboroit plus alors ces roches, fondement de ces volcans, elle préparoit dans les bas-fonds de cet âge des matières calcaires plus récentes; alors elle formoit les roches tendres blanches de la région inférieure où j'ai trouvé des cailloux roulés bafaltiques; obfervation qui détermine, comme je l'ai dit dans mes Tomes I & II, l'époque de leur formation

poftérieure

postérieure à la date de l'éruption des
laves basaltiques des monts Coiron.

1763. En résumant les faits précédens dans leur ordre chronologique, on
trouve, 1°. l'éruption des volcans primitifs dont le monument est conservé dans
les vieux filons basaltiques inclus dans la
roche vive granitique ; 2°. les volcans
de seconde époque, dont les restes se
manifestent dans les atterrissemens ; 3°. les
volcans de la troisieme date, leurs laves
ont inondé tous les dépôts précédens ;
4°. les volcans de la quatrieme époque
qui ont percé dans des vallées creusées
par les eaux fluviales : la plupart de ces
vallées ont des fonds granitiques & des
sommets de montagnes latérales, volca-
nisés dès la troisieme date.

1764. Or s'il est vrai que ces volcans
aient vomi dans une vallée creusée par les
eaux pluviales, il est averé que les plus
bas-fonds de cet âge étoient sous-marins ;
les mers ont déposé des cristaux spathiques
dans quelques fentes de retrait des laves,
& les cristaux spathiques ne se trouvent

Tome IV.   K

point dans les volcans des vallées supérieures.

1765. D'autre part ces vallées aboutiffent à l'ancien fol du Maillagués & des Baffes-Boutières hériffé de volcans fous-marins, comme les vallées fluviales aboutiffent & verfent dans le baffin des mers, hériffé d'inégalités : la géographie phyfique de ces contrées, la forme des volcans inférieurs, les corps qu'ils renferment, &c. annoncent ainfi qu'ils ont été fous-marins.

Ces volcans fous-marins de la quatrieme époque repofoient donc fur un fond de mer, & ce fond étoit le Maillagués & les Baffes-Boutières ; la mer s'étant retirée de ces régions, le fol découvert fut abandonné aux eaux courantes qui ont effacé les premieres formes de ce terrein, & qui l'ont coupé de vallées.

1766. Sans définir à quelle époque appartient le volcan d'Agde, fitué aux bords de la mer, je trouve dans fes travaux, une parfaite reffemblance. B, B, B eft un plateau élevé de lave

folide ; les eaux de l'Herault baignent
la bafe de ces roches volcanifées ;
la mer & fes fables les environnent du
côté du midi : A , préfente l'ancienne
bouche qui eft à peine connoiffable, elle
eft environnée de monticules de laves
fpongieufes, reftes de l'ancien cratère.

1767. Ce volcan fi curieux, comparable aux fommets du Coiron, s'éleve fur
le niveau de la mer ; des excavations formées par les eaux courantes & des atterriffemens emportés aboutiffent dans cette
mer ; le plateau de laves & le refte du
cratère fe montrent faillans fur le niveau
des eaux , comme ceux du Coiron fur
l'ancien Océan.

1768. Le volcan de Brefcou inférieur
eft en proie aux flots de la méditerranée,
aux fecouffes de fes vagues, & à l'action
deftructive de fes principes chymiques
s'il en exifte de fenfibles ; car ces laves
fous-marines font encore mieux confervées que les laves du haut Mezin. Il ne
refte plus à ce volcan de Brefcou les
formes géométriques de fon enfemble ;
les vagues & les autres efforts de l'eau

perpétuellement agitée ont renversé cet ouvrage.

1769. Si les continens font expofés à l'injure des eaux courantes & pluviales, les régions inondées des eaux maritimes éprouvent auffi, mais d'une autre maniere, l'action du même élément. Dans les continens les eaux pluviales coulant du lieu le plus élevé vers le plus bas, fillonnent la terre & forment des crevaffes longitudinales, & dans la mer les eaux flottantes tendent à mettre toutes chofes de niveau, à couper les inégalités, à remplir les bas-fonds. Dans les continens les eaux pluviales fillonnantes laiffent des pics latéraux, & dans la mer leurs coups redoublés contre les flancs, les coupent infenfiblement. Dans les continens les eaux courantes délaient & & entraînent, & dans la mer les eaux fubmergeant toutes chofes agiffent plutôt comme diffolvant. Dans les continens la deftruction fe fait de haut en bas, c'eft-à-dire, du fommet des montagnes vers leur bafe, dans la mer les deftructions opérées par les vagues s'operent dans tous les fens &

fur toutes les furfaces. Dans les continens l'eau courante paroît avoir la force
de charrier les fubftances diffoutes & détachées, & dans la mer cet élément agit
davantage par remuement & foulevement des matières mobiles. Dans les continens les matières diffoutes détachées
defcendent toujours & ne remontent plus;
& dans la mer elles éprouvent des mouvemens d'ondulation, de répercuffion & de
tranfport en tous fens comme les vagues;
elles éprouvent (fur-tout les matières
diffoutes) le mouvement imprimé par le
flux, & le mouvement contraire opéré
par le reflux, & dans la Méditerranée,
elles obéiffent à toutes les directions des
vagues. Telle eft la théorie comparée
des mouvemens de l'eau courante dans
les continens, & de l'eau accumulée dans
le baffin des mers.

En écrivant mes ouvrages, l'amour de
la vérité fut toujours le feul but de mes
recherches; fi jamais je me fuis égaré
dans mes raifonnemens, je les rectifierai
avec joie; & fi quelques-unes de mes
obfervations locales font défectueufes,

K 3

je ferai le premier à l'avouer : non-feulement je n'ai point l'amour-propre de
croire avoir tout dit & tout obfervé,
mais j'ai donné des itinéraires pour
qu'on puiffe obferver les mêmes régions,
reconnoître mes erreurs fi j'en ai commis;
tel étoit mon but en écrivant, & tel en
obfervant les contrées : ces principes dont
je ne me départirai jamais m'engagent à
publier dans mon ouvrage même des objections tirées de l'afpect de nos montagnes; M. l'Abbé Roux, Prieur de Fraiffi-
net, habitant les bords d'un immenfe cratère des montagnes du Coiron, ayant eu
communication d'une partie de mes ma-
nufcrits & de mon livre imprimé, m'a préfenté des objections datées du mois de
Mai 1780.

En attendant que nous faffions connoître fon mémoire d'une maniere plus
étendue, nous tranfcrivons ici celles
qu'il a écrites contre les époques des
volcans fous-marins d'Aubenas, d'Aps,
de Rochemaure, de Privas, dont nous
avons donné l'hiftoire.

1770. Tous ces volcans inférieurs, dit

M. l'Abbé Roux , font antérieurs ou
poſtérieurs. (*Voyez la Carte du Vivarais
enluminée.*)

Si ces volcans font poſtérieurs à ceux
du haut Coiron, ils ne peuvent avoir été
fous-marins.

1°. Parce que dans le temps que les
volcans du mont Coiron repandirent leurs
laves , les fommets de cette montagne
contenoient une grande riviere dont le
lit fut comblé de laves; 2°. le fol d'Aps ,
de Ville-Neuve, étoit plus élevé que le
lit de la riviere pour en contenir les eaux;
3°. fi la mer avoit couvert ce fol latéral,
elle auroit été encore plus élevée que la
riviere & fon rivage.

1771. RÉPONSE. Cette objection eſt
foutenue par trois faits inconteſtables;
mais comme ces faits font fucceſſifs &
non point contemporains, en débrouil-
lant le cahos, en aſſignant la fucceſſion
des phénomènes, on répond à l'objection & à fes trois preuves.

1°. Il eſt vrai que les fommets du
mont Coiron, dont la bafe eſt granitique,
dont le corps de la montagne eſt calcaire,

K 4

laissa couler jadis un fleuve sur son plateau calcaire. Cet ancien lit fluviatile est décrit (1151), il a existé avant l'éruption des laves qui ont inondé & le plateau calcaire & le lit caillouté de l'ancien fleuve.

2°. Il est encore vrai qu'à cette époque le sol environnant du mont Coiron étoit supérieur ; les loix de l'hydrostatique nous apprennent qu'un fleuve qui n'existe plus eut des rivages plus élevés que son lit.

3°. Il est encore vrai que lorsque les volcans répandirent sur ce plateau élevé, & dans l'ancien lit du fleuve, les torrens de laves qui couvrent tout le Coiron, ce sol fondamental étoit très-étendu en long & en large ; les mêmes loix de l'hydrostatique nous annoncent cette ancienne géographie.

1772. Mais il y a du temps depuis ces éruptions des plateaux de lave du Coiron que nous avons placée dans la troisième époque, jusques aux éruptions des volcans d'Aps, d'Aubenas & autres sousmarins auxquels nous avons assigné la quatrième place, voici l'histoire des phénomènes intermédiaires qui remplissent l'espace de temps écoulé entre la troisième & la quatrième date.

Lorsque les volcans du haut Coiron eurent placé leurs laves, & détourné les courans du fleuve, les eaux pluviales seules agirent sur le plateau volcanisé.

Alors la mer détruisoit les flancs de cette région formée de masses superposées de granit, de couches calcaires & de laves, comme la Méditerranée coupe la base & les flancs du volcan de Brescou : elle détruit encore peu-à-peu les roches calcaires qu'elle a coupées à pic entre la ville de Cette & la Butte ronde, les eaux courantes des rivières n'ont point tranché verticalement ces roches, & les fleuves n'ont point coupé dans le même sens l'énorme montagne du Coiron, dont les couches calcaires & les laves superposées sont taillées à pic de tous côtés, ce qui forme un précipice circulaire de plus de quinze lieues d'étendue autour de la montagne, spectacle le plus imposant qu'on ait jamais vu dans nos régions.

1773. On voit donc qu'il faut entendre

le ſyſtême de la formation des inégalités
du globe avec poids & meſure , & qu'on
ne doit point confondre le travail de l'eau
courante fluviale avec celui de la mer
qui a dû agir ſur les continens qu'elle a
abandonnés: une ſaine phyſique apprend
que ſi les eaux courantes fluviales tra-
vaillent puiſſamment ſur la ſurface du
globe, les eaux maritimes ont agi auſſi
ſur cette ſurface abandonnée.

1774. Ces obſervations & les raiſon-
nemens qui les ſuivent annoncent donc
que ces précipices ont été coupés par
l'ancienne mer : j'ai prouvé ſon exiſtence
dans ces lieux par l'aſpect des cailloux
volcaniſés inférés dans une roche coquilliere ſecondaire. Ces fleuves n'ont d'autre pouvoir que de creuſer des vallées,
des ſillonnemens longitudinaux ; ils ne
ſauroient couper à pic, & d'un maniere
circulaire, les flancs d'une montagne de
quinze lieues de rondeur, des fleuves
n'ont point ainſi coupé les environs du
volcan de Breſcou ; les flots de la Méditerranée ont pu façonner ainſi ce volcan.

Les eaux flottantes dans un grand

baffin tel que celui de la Méditerranée,
& les eaux courantes fluviales operent
donc de deux manieres ; & s'il eft impoffible que les courans des mers fillonnent le globe dans un fens longitudinal,
& qu'ils tracent des vallées & des angles
rentrans, il eft impoffible auffi que les
rivières coupent à pic un précipice circulaire de quinze lieues d'étendue.

1775. Il eft donc avéré, comme l'a dit
M. l'Abbé Roux, que les hauteurs du
Coiron étoient très-vaftes, qu'un lit de
riviere les partageoit, que des volcans
répandirent leurs laves fur le fol d'Aps,
d'Aubenas, de Rochemaure, qui étoit
alors au moins de niveau avec les fommets
du Coiron & en plaçant une férie de
fiécles entre ces éruptions, & celles des
volcans fous-marins inférieurs, on explique les révolutions qu'a éprouvées cette
contrée.

En effet, l'eau maritime ayant déblayé,
entraîné tout ce terrein ambiant comme
elle déblaye & entraîne tous les jours
le voifinage du volcan de Brefcou, il fe
forma de baffes régions environnantes.

Alors les eaux pluviales agirent fur le sommet du Coiron qu'elles fillonnerent en tous fens, les vallées commencerent dans les cratères où les eaux fe ramafferent, elles verferent de ces baffins, & imprimerent les premiers linéamens des vallées qui partent de ces cratères fitués fur le Coiron.

1776. Ainfi lorfque ce bas-fond, toujours excavé par la mer, eût été formé, lorfque les baffes régions d'Aps, d'Aubenas, de Rochemaure eurent été formées, alors des volcans poftérieurs à ceux du haut Coiron agirent dans ces lieux inférieurs, la mer de cet âge détruifit leur enfemble, leur charpente, leur forme géométrique, comme elle détruit celle du volcan de Brefcou : les rivieres, après la retraite des mers, détruifirent enfuite dans leur maniere les mêmes ouvrages.

1777. On voit donc que depuis l'époque des volcans du haut Coiron jufqu'à celle des volcans du Maillagués & des baffes Boutières qui environnent cette montagne, il s'eft écoulé un laps étonnant de fiécles, les vallées dirigées du centre du haut Coiron vers les baffes contrées, & creufées dans la lave & enfuite dans la roche vive fondamentale par les eaux fluviales, démontrent & cette fucceffion & ce laps d'un grnd nombre de fiécles depuis l'éruption des volcans du haut Coiron de la troifieme époque, jufqu'à ceux du Maillagués & des Baffes-Boutières qui appartiennent à la quatrieme.

M. l'Abbé Roux, à qui j'ai communiqué, le mois de Janvier 1780, les preuves de l'excavation des vallées par les eaux des rivieres, & celles qui établiffent le nombre des fiécles néceffaires à cette opération (*voyez tome I, page 32 & 33*), n'admet point que les eaux courantes aient ainfi fillonné le globe : frappé de voir, 1°. une grande maffe calcaire avec des coquilles foffiles, monument de l'ancienne mer ; 2°. des lits de fleuves fur cette montagne calcaire ; 3°. de grandes coulées de lave fupérieures ; 4°. des vallées creufées dans le vif de toutes ces couches fuperpofées, il a recours dans son mémoire à deux inondations majeures, il admet la premiere pour expliquer la formation des roches calcaires, & la seconde pour expliquer l'excavation des vallées dans la lave superposée, dans le lit de riviere & dans la roche calcaire inférieure ; nous n'exposons point ici les preuves qui établiront que la mer ne peut sillonner le globe d'un maniere longitudinale, en forme de vallées correspondantes à la vallée du fleuve. Cet article est traité dans la suite avec tout le détail nécessaire, nous disons seulement que nous avons tout le temps nécessaire à l'excavation, mais que les loix physiques ne nous montrent point, 1°. deux ni trois déluges successifs ; 2°. que quand elles nous permettroient de les admettre, ces déluges n'ont point la force de creuser des vallées correspondantes ; l'eau maritime ne paroît pas jouir de ce privilége, l'eau courante du haut vers le pied des montagnes peut seule, en suivant son premier plan, continuer son ouvrage, son action corrosive & délayante, sa force de charroi.

1788. Nous reviendrons un jour aux recherches curieuses de M. l'Abbé Roux, à ses raisonnemens ingénieux & profonds; il a écrit du haut des montagnes volcanisées du Coiron, il a observé en grand toutes les basses contrées du Vivarais qu'il a apperçues du haut des pics, c'est un excellent Observateur de nos contrées; en attendant nous résumons ici la chronologie des opérations de la Nature sur les monts Coiron.

1779. Le monde granitique existoit; une mer peuplée de coquillages couvrit cette région, ses eaux descendirent peu-à-peu de ces hauteurs, le terrein découvert fut abandonné aux eaux courantes pluviales, elles formerent un lit creusé dans la roche calcaire, elles déposerent d'énormes atterrissemens: des volcans de la troisieme époque répandirent des laves sur ce sol, elles écarterent le courant fluviatile, ces laves superposées éleverent davantage la montagne; les eaux maritimes environnantes battant contre toutes les masses élevées voisines, couperent peu-à-peu les flancs, opération observée

dans le volcan de Brescou ; elles les couperent à pic, les eaux pluviales creuse-
rent de petites vallées dans la lave du
sommet, ces vallées aboutirent & verse-
rent dans le bassin de l'ancienne mer, la
montagne du Coiron ainsi battue fut
environnée d'un précipice : alors agirent
les volcans sous-marins qui l'entourent,
les flots renverserent les cratères & une
partie des courans, & il ne reste que des
monumens délabrés de ce grand ouvrage.

Telle est la succession des faits de la
Nature sur les monts Coiron, elle est
établie par le raisonnement & la superposition des matières.

HISTOIRE

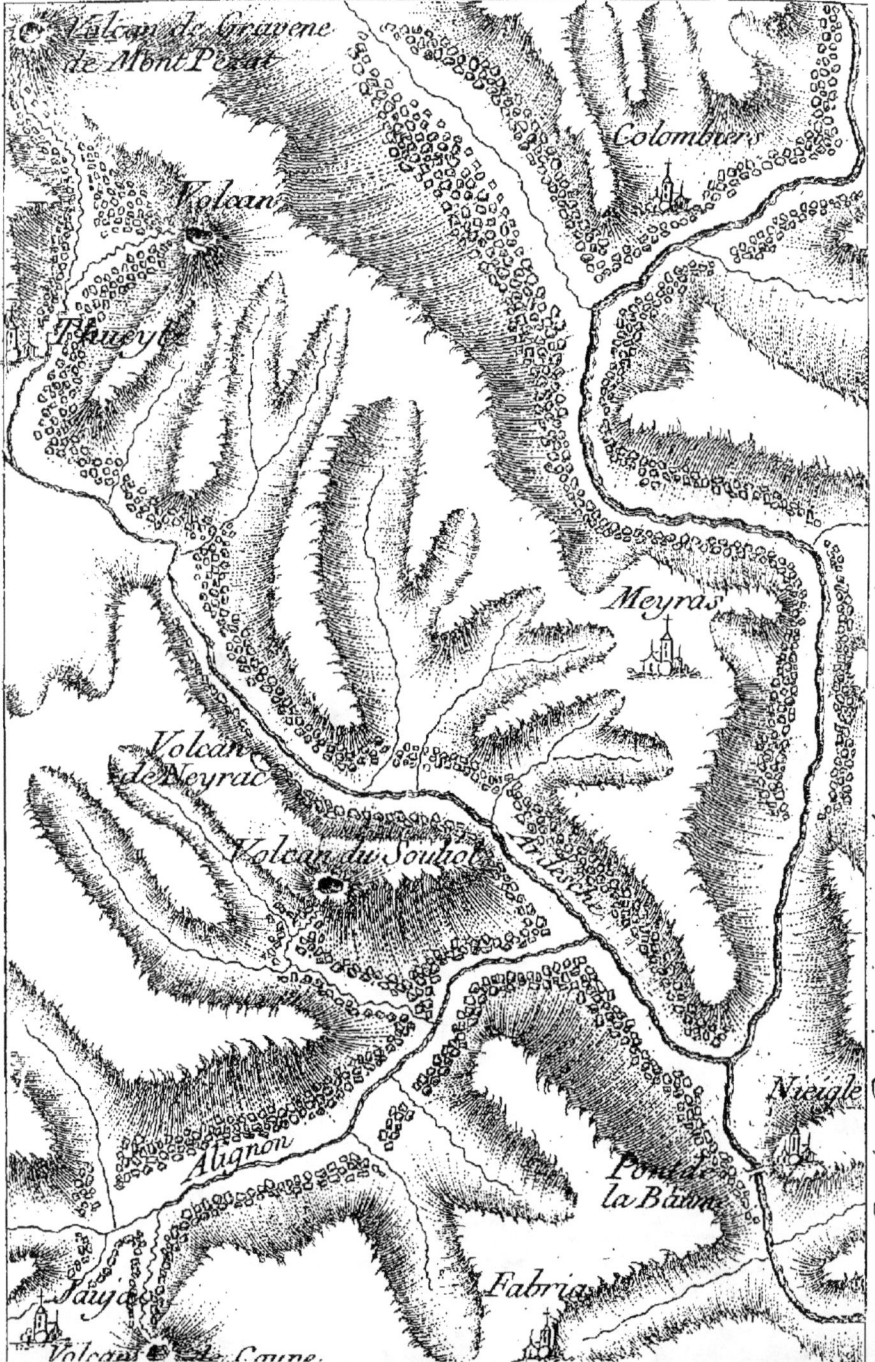

Volcan de Gravene
de Mont Pezat

Colombier

Volcan

Thueyt

Meyras

Volcan
de Neyrac

Volcan du Souhol

Nieigle

Alignon

Pont de
la Baum

Jaujac

Fabria

Volcan de Coune

HISTOIRE
NATURELLE
DES VOLCANS ÉTEINTS
DE LA CINQUIEME ÉPOQUE.

SOMMAIRE.

Situation des volcans de la cinquieme époque. Vallées qui les renferment. Ces vallées sont contenues dans des laves de volcans plus anciens. Ces mêmes vallées sont contenantes relativement aux volcans de la cinquieme date dont nous écrivons l'histoire. Description des volcans de cet âge. Volcans de Craux, de Coupe d'Antraignes, de Coupe de

Tom. IV.   **L**

*Jaujac, de Neyrac, &c. Confluent des
laves répandues au fond des vallées au-
deſſous de Nieiglés.*

1780. NOUS avons vû les volcans de la troiſieme épo-
que étendre leurs laves
ſur d'immenſes plateaux ſupérieurs de
montagnes.

Nous avons vu nos grandes vallées
Vivaroiſes creuſées dans la lave ſur ces
élévations, & s'étendre vers les régions
inférieures. Leur excavation s'eſt propagée dans le ſol granitique ou calcaire
fondamental, ces grandes vallées partent
toutes des crêtes volcaniſées montagneuſes, comme les rues de la Montagne
Sainte-Genevieve deſcendent dans la
rue Saint-Victor. Au ſommet ces vallées
ſont creuſées dans la coulée de lave qui
couvre les hauteurs, & vers le bas des
montagnes les mêmes vallées propagées
ſont creuſées dans le roc vif granitique
ou calcaire.

1781. Or c'eſt vers le fond de ces

vallées qu'on trouve les volcans de la cinquième époque.

Je démontre la fucceffion chronologique de leurs éruptions par le plus fimple raifonnement fondé fur l'obfervation locale, raifonnement que j'établis de la forte. *La vallée* CONTENUE *dans les coulées des volcans de la troifième époque fituées fur les plateaux fupérieurs*, eft CONTENANTE *relativement aux volcans des quatrième, cinquième & fixième dates qui ont percé au fond granitique inférieur.* Cette vérité eft fondée fur un raifonnement bien trivial qu'on pourroit expofer de la forte : tout *contenu* fuppofe un *contenant*.... les rues de Paris ont exifté avant les baraques des recoins.

1782. Il eft donc démontré que les coulées des volcans de Craux & de Coupe qui s'étendent dans les vallées d'Antraigues, & qui defcendent des fommets à plateau bafaltique de Cufe & de Mezillac, font poftérieures à ces effufions élevées.

J'avoue que ces raifonnemens fimples & triviaux ne devroient point fe trouver

dans cet ouvrage ; mais la multitude des
mécréans en Hiſtoire naturelle, & des
Amateurs qui s'irritent au ſeul nom de
Chronologie du Globe, ou qui veulent
bien affecter de s'irriter, m'a engagé à
entrer dans ce détail auſſi minutieux &
auſſi inſipide.

1783. Tandis que nous approchons
des âges modernes du monde phyſique, les édifices des volcans ſe préſentent d'ailleurs ſous un aſpect de conſervation qui décele des éruptions plus récentes : ce ne ſont plus ici des amas de
baſaltes iſolés, ni des ſciſſures remplies
de matiere volcanique, ni des courans
ſans trace de bouche ignivome ; nous
trouvons au contraire des coulées qui
partent d'une bouche, ou d'un gouffre qui
les enfanta, & qui répandit dans les vallées des fleuves de feu.

1784. Voyez dans la planche cinquième de ce quatrième volume les traces de ces volcans de la cinquième
date. Trois vallées majeures ſe réuniſſent
au-deſſous de Nieigles, confluent de
leur trois courans. Au fond de ces val-

lées coulent les rivières d'Alignon, d'Ardeche & de Colombiers : leur confluent
eſt ſitué dans le voiſinage du Pont-de-
la-Baume, & c'eſt vers ce point de réunion
que verſent enſemble toutes les eaux
d'alentour reçues ſur les montagnes élevées peu éloignées.

Ces montagnes ſont des ramifications
des plus hautes chaînes du Vivarais, & c'eſt
dans les contrées (où elles ſemblent diſpa-
roître en s'abaiſſant) que les volcans plus
récens ont agi, perçant le ſol tantôt vers
le fond de la vallée comme à Neirac,
& tantôt ſur les flancs des chaînes montagneuſes comme à Thueytz, Souliol, &c.

1785. La vallée de Colombiers offre dans
ſon fond des coulées baſaltiques qui deſcendent des hauteurs des montagnes, paſſent à Burzet, & s'étendent juſqu'au-
deſſous de Nieigles, où elles ſont ſuperpoſées aux laves qui avoient coulé du
volcan de la Gravenne de Mont-Peſat.
Tous ces courans baſaltiques partent
d'une bouche ignivome, quoique coupés
par les ravins latéraux.

1786. La rivière d'Ardeche eſt tantôt

L 3

pavée de basaltes, tantôt encaissée dans
cette lave. On a exprimé dans la planche V
toutes ces coulées avec beaucoup d'exactitude, la carte a été levée par M. Dupain-Triel fils, Ingénieur-Géographe du
Roi, l'un des principaux Artistes qui ont
concouru aux opérations de la carte de
l'Académie ; on peut la vérifier sur la carte
de France, elle est sur une échelle double.

1787. Enfin le volcan de Coupe de
Jaujac a vomi dans la vallée inférieure.
La rivière d'Alignon agissant sur cette
coulée, s'est creusée aussi un lit dans le
sein de cette matière volcanique para-
site laissant à droite & à gauche des escarpemens perpendiculaires qui offrent
des colonnades merveilleuses les plus régulières.

1788. Voilà l'aspect le plus pittoresque qui existe peut-être dans le monde,
toutes ces merveilles sont multipliées au
pont de la Baume, confluent général de
toutes les rivières & de toutes les laves
qui, comme les eaux, ont suivi la pente
& la direction des vallées, & se sont superposées mutuellement, formant dans

plufieurs endroits un fextuple rang de colonnades de divers ordres que le voyageur le plus idiot eft obligé d'admirer en filence, en parcourant ces régions.

Toutes ces coulées de lave ont donc rempli les bas-fonds de ces vallées ; mais, elles ne furent vifibles qu'à l'époque où, coupées à pic par l'eau courante, elles offrirent ces couches diverfes. (*Voyez* 1096 & *fuiv.*)

1789. Le volcan de Neirac, fitué au fond de la vallée de l'Ardeche, eft de même date. Sa bouche ignivome fut d'abord compofée de laves mouvantes, friables & légeres, & fituée au fond même de la rivière ; mais l'Ardeche a déblayé fa montagne conique, il n'en refte que le cratère primitif, & d'anciennes coulées bafaltiques. Ce cratère eft encore une efpèce d'amphitéâtre d'où émanent des vapeurs méphitiques, des fontaines d'eaux gazeufes froides, & parmi celles-ci des fources chaudes de même nature que j'ai découvertes ; tandis que des payfans m'ont affuré qu'on y avoit obfervé des flammes voltigeantes.

L 4

On reconnoît dans toutes ces coulées de laves leur dépendance d'une bouche ignivome, mais dans les volcans précédens on n'en obferve aucune.

La géographie phyfique du fol fondamental, la forme des montagnes à bouche ignivome, l'état actuel de leurs courans donnent donc à ces volcans le cinquième rang dans l'ordre chronologique des anecdotes phyfiques. Ces volcans font *contenus*, & ceux de la troifieme date étoient *contenans*.

VOLCAN DE LA SIXIEME EPOQUE.

HISTOIRE

NATURELLE

DES VOLCANS ÉTEINTS

DE LA SIXIEME ÉPOQUE.

SOMMAIRE.

Histoire naturelle & nom des volcans de la sixieme époque. Leur date connue dans l'Histoire. De la forme extérieure de leur charpente. Différence de ces volcans, de ceux des âges précédens. Description des laves superposées du volcan de Coupe d'Antraigues. Phénomènes qui suivent l'extinction des volcans. Objection. Récapitulation des époques

de tous les volcans de la France méri-
dionale. Preuves de la succession par la
superposition des matières hétérogènes.
Preuves tirées des divers états de des-
truction de ces volcans. Preuves établies
par la plus ou moins grande élévation
des bases des volcans sur le niveau de la
mer. Distinction de la physique de cet
Ouvrage d'avec la succession des faits.

1790. **D**ANS des âges plus modernes, & dans des vallées
profondes creusées par les
rivières, parurent enfin les volcans les
plus récens de la France méridionale : ils
tiennent la sixième place dans l'ordre
chronologique, & leur date dans l'Histoire physique avoisine tellement les
Éres modernes imaginées par les hommes
pour mesurer le temps, que ces volcans
décrits par nos Historiens ont conservé
le nom expressif que l'homme donne à
tous les objets qui le frappent. Tels les
volcans de Chaud-Coulant, de Coupe-
d'Antraigues, de Coupe de Jaujac, de
Fourmagne, de Tartas, de Pas-d'Enfer,

de Combe-Chaude , de Chaudeyrole , &c., &c. Tous ces noms donnés au cratère ignivome , ou au courant de lave vomie , annonce assez l'effroi , la surprise du peuple contemporain des éruptions de ces volcans.

1791. Telle est la situation d'une partie des volcans les plus récens de la France méridionale ; mais ils ne sont pas tous placés dans le fond des vallées : quelquefois ils s'élevent jusques dans la région des nues , & leur fondemens sont situés sur les hauteurs ; la position de ces derniers varie , mais leur charpente est la même que celle des volcans du fond des vallées & de même date.

Par-tout les volcans de cette époque offrent des bouches ignivomes ou leurs vestiges plus ou moins exprimés , tandis que les volcans plus antiques de la premiere , seconde , troisieme & quatrieme époque sont sans cratère.

1792. La forme géometrique du corps de la montagne , & le cône renversé du sommet, &c. sont bien conservés dans ces volcans postérieurs , tandis que dans les volcans antérieurs le temps & l'action de l'eau ont effacé cet ouvrage du feu & des forces expulsives.

1793. Les coulées de lave correspondent, dans ces volcans récens, à la bouche ignivome ; tandis que dans les volcans plus anciens ces coulées sont changées en atterrissemens, ou bien leur correspondance ne paroît plus.

Ces volcans de la sixième époque différent donc des volcans antérieurs par leur cratère, par la forme de la charpente du volcan, par la correspondance des coulées à la bouche ignivome.

1794. Enfin la succession de ces volcans récens est susceptible de démonstration mathématique toutes les fois qu'ils sont situés au fond d'un vallée creusée dans une contrée dont les hauteurs sont couvertes de plateaux de lave ; car il est évident qu'un pareil plateau élevé & volcanisé doit exister avant d'être creusé en vallée.

1795. Ces volcans de la sixième époque, si différens de ceux de la premiere, seconde, troisieme & quatrieme, ressem-

blent davantage à ceux de la cinquieme
date ; car comme leur succeffion eft établie par le plus ou moins de confervation
des enfembles, les volcans de l'avant-
derniere époque, plus voifins de notre
temps, font auffi affez bien confervés.

1796. Ils different néanmoins des volcans de la fixieme par la fuperpofition
des matieres, comme je vais l'établir par
la defcription du volcan de Coupe-d'Ar-
traigues.

Obfervez la planche VI de ce tome
IV, pag. 169, elle repréfente ce volcan
à cratère vu du couchant vers le collet
d'Aifac, & du fond d'un ravin qui fépare
fes laves brûlées du fol granitique voifin.

1797. Les eaux de ce ruiffeau ont déja
coupé une partie de cette montagne, &
cette excavation a montré trois éruptions diftinctes du volcan. La couche C,
C, C eft un amas de pierres volcaniques
incohérentes. La couche B, B, B eft une
lave bafaltique qui a éprouvé les loix de
retrait, & qui s'eft divifée en prifmes &
en cubes ; enfin le volcan A eft enveloppé
d'un manteau de laves fpongieufes qui

couvrent le tout ; le cratère eſt au ſommet, & les bords de ſon baſſin ſont inclinés à l'horiſon du côté d'Aïſac. On
diſtingue enfin dans le lointain les montagnes de Mezillac & de Gourdon qui
bornent la vue, & quoique tous ces objets éloignés & le cratère ne ſoient pas
auſſi viſibles du fond du ravin d'où le
Deſſinateur a obſervé ces couches ſuperpoſées, il a fini ſon deſſin en montant
ſur les hauteurs pour accomplir le tableau.

Les volcans de coupe d'Antraigues,
les gravennes de Thueytz & de Mont-
péſat, le Souliol, &c. ſont de la même
époque, & préſentent les mêmes faits.

Il eſt évident, au ſeul aſpect de ces
ſuperpoſitions, que la couche C, C, C,
compoſée de pierrailles volcaniques, eſt
antérieure à la couche baſaltique B, B, B,
& que celle-ci a établi le fond du volcan
avant le manteau ſupérieur de la montagne A, qui a été formé par l'expulſion
des laves comme tous les cratères des
volcans.

1798. Après les éruptions des volcans

les forces projectiles intérieures paroiſſent épuiſées ; mais le feu ſouterrein ne
s'éteint jamais d'une manière inopinée &
ſubite : le ſol terreſtre ſe refroidit &
donne aux laves & aux montagnes à cratère un degré de froid égal à celui des
montagnes voiſines ; les cratères ſe ferment, mais les feux ſouterreins ont encore
des ſoupiraux ; ils échauffent les eaux des
fontaines, ils les minéraliſent. Chaque
volcan en Vivarais poſſede une ou pluſieurs fontaines gazeuſes ; parcourez l'I-
talie, & vous verrez un grand nombre
de ces ſortes de montagnes autrefois em-
braſées qui, douées de peu de force projectile, n'occaſionnent plus aujourd'hui
que quelques légers tremblemens de
terre, & ne laiſſent émaner au-dehors
que des gaz ou des eaux chaudes, ou du
ſoufre ſublimé, ou des vapeurs qui de-
mandent les approches d'un corps enflammé pour s'enflammer elles-mêmes.

1799. Voilà les derniers efforts des
volcans, leurs laves ſe refroidiſſent, tout
l'appareil extérieur des volcans n'éprouve
d'autre action que celle des élemens ex-

térieurs de l'atmosphère; mais les entrailles des volcans ne se refroidissent pas
ainsi; & quoiqu'elles n'aient plus assez
de matières pour les expulser, elles en
contiennent assez pour pousser au-dehors
les émanations sublimées des minéraux
enflammés. Ces phénomènes, qui sont
si fréquens en Italie, s'observent encore en Vivarais. La montagne de Coupe
sublime encore quelques vapeurs de soufre. Le volcan de Saint-Léger laisse
émaner de l'acide méphitique, des eaux
chaudes.

1800. Mais, dira-t-on, vous établissez
donc deux époques dans les volcans à
cratère qui ont vomi une coulée de basalte? mais la même éruption n'aura-
t-elle pas produit les cratères & les basaltes?

Je réponds que quoique ces éruptions
ne soient peut être point très-éloignées
l'une de l'autre, l'aspect des substances
élaborées & vomies demande cette sépa-
ration d'éruptions. Il est évident que la
montagne de Coupe d'Antraigues a existé
enveloppée seulement des laves C, C, C
qui

qui la couvrent comme un manteau ; il
est est évident encore que les matières
qui forment la charpente du cratère A
font différentes, non-feulement quant à
leur nature, mais encore quant à leur
position. Nous croyons donc que la lave
C, C, C est plus ancienne que la lave
B, B, B, & que celle-ci, l'est encore
plus que le cratère A. D'autres observations locales appuyent cette vérité,
elles annoncent qu'il est des volcans bafaltiques & des volcans à lave fpongieufe :
le volcan de Craux près, d'Antraigues
n'offre qu'une montagne bafaltique, &
une coulée correfpondante de même matière fans cratère, fans laves fpongieufes.

1801. Les dégrés de confervation de
ces deux efpèces de lave dans le même
volcan confirment cette vérité. Dans le
volcan de Coupe on obferve, 1°. des
courans bafaltiques qui s'étendent dans
la vallée inférieure, & qui en ont rempli le fond, toute la coulée part de cette
bouche ignivome ; 2°. on y obferve une
montagne à cratère compofé de laves
mobiles, légeres, friables, pulvérulentes.

Tom. IV.   M

1802. Si ces deux productions du feu apppartiennent à la même éruption, il faut que la moins solide dans ses principes constitutifs, & la plus destructible dans ses parties, ait éprouvé la premiere, les injures du temps, & qu'elle en porte les marques.

Or le fait contraire est évident; les coulées basaltiques sont coupées de tous côtés: de toutes parts on apperçoit la destruction, quoique cette substance soit *ferri coloris & duritiei*; tandis que le cratère composé de parties friables, légeres, mobiles & pulvérulentes est encore bien conservé, annonçant une éruption très-moderne.

1803. Cet état de conservation & les noms analogues au feu & à ses opérations que j'ai reconnus dans ces volcans à cratère m'ont engagé à croire qu'ils avoient brûlé dans les temps historiques; Frappé du témoignage de Grégoire de Tours, qui décrit les phénomènes effrayans, les tremblemens de terre, les météores ignés des éruptions, &c. j'ai cru que dans le cinquième siècle les vol-

cans à cratère agirent dans nos provinces.
Tous les Evêques des Gaules s'assemblèrent à cet effet à Vienne, on établit
en France les Rogations pour obtenir
la cessation des prodiges dans un siécle
où les sciences regnoient encore : les
ouvrages de Saint Mamert, du célebre
Sidoine, de Grégoire de Tours, & l'Histoire littéraire de la France annoncent l'état éclairé de l'esprit humain à cette époque. Or comme les Evêques de toute une
Nation ne s'assemblent point sans une
cause générale & remarquable, il suit
que les régles de vraisemblance & les
témoignages historiques, & les noms des
volcans, & leur état de conservation, &c.
annoncent d'une maniere unanime l'incendie récent des montagnes à cratère.

CONCLUSION.

1804. Telle est la chronologie des
volcans éteints de la France méridionale
prouvée, 1°. par la superposition des
substances; 2°. par leur état de conservation comparée; 3°. par leur élévation

M 2

réciproque fur le niveau actuel des mers,
je donne ici la récapitulation de ces
preuves felon leurs dégrés de probabilité.

Il est évident, I°. qu'un filon volcanique inferé dans une roche de granit,
la plus vieille de toutes, eft plus ancien
qu'une couche de poudingue calcaire,
granitique & bafaltique ; que cette couche, ouvrage d'un dépôt aqueux, eft
plus ancienne que la coulée de laves fuperpofées ; que cette coulée horifontale
eft antérieure à la vallée qu'elle contient,
que cette vallée a été formée avant les
petits volcans établis à fon fond, & que
parmi ces volcans les couches inférieures,
fondement de la montagne ignivome,
ont été placées avant les fupérieures.
Voilà les preuves établies par la fuperpofition des maffes.

1.805. Il est probable, II°. (Si on
admet la deftruction de ces ouvrages du
feu par le laps du temps) que les volcans dont les traces font les plus effacées
font les plus anciens. Ainfi les volcans
dont il ne refte que des filons dans le

granit la plus vieille des roches, font antérieurs aux volcans dont les décombres
paroiſſent en forme d'atterriſſemens : que
ceux-ci font plus anciens que les volcans qui ont conſervé leurs coulées coupées de vallées ; que ces coulées ont
précédé les laves baſaltiques du fonds
des ravins non - interrompues , & les
volcans à cratère bien conſervé. Dans
les premiers, toute matiere volcanique
ſaillante ſur la ſurface du globe a été
entraînée ; dans les ſeconds, il n'en reſte
que des atterriſſemens ; dans les troiſie-
mes, on ne diſtingue que quelques pics
baſaltiques encore ſur place ; dans les
quatriemes , on ne trouve que des coulées étendues au fond des vallées ; dans
les cinquiemes, les coulées correſpondent à une bouche ignivome, & dans les
ſixiemes, rien ou preſque rien n'eſt détruit. Voilà le réſumé des preuves établies par le degré de conſervation, elles
s'accordent avec les précédentes fondées
ſur la ſuperpoſition.

1806. IL PAROÎT VRAISEMBLABLE
ENFIN (s'il eſt vrai que les mers attiſent

M 3

les feux volcaniques, & fi elles ont délaiffé peu-à-peu nos régions après les
avoir inondées) que les volcans, dont
la bafe granitique eft la plus élevée, font
les plus anciens ; ainfi ceux du haut
Mezin, ceux du plateau fupérieur de Mezillac, Lachamp-Raphael, ceux du Coiron font antérieurs à ceux de Dornas,
Privas, Aps, Antraigues, Jaujac, Craux,
à ceux du fond des vallées, & à tous
ceux enfin dont la bafe eft inférieure
au niveau des mers, comme le Véfuve,
l'Etna & les volcans fous-marins, felon
M. le Chevalier Hamilton; mais cette troifieme efpece de preuve tirée de l'élevation des volcans fouffre des exceptions;
car on connoît des volcans à cratère de la
fixieme date très-élevés, & des volcans
allumés dans les continens.

1807. Jufqu'à ce jour on a confideré
l'*Hiftoire de la nature* comme le feul objet digne de nos recherches : on a cru
que la *Chronologie des faits* étoit un travail de l'imagination, un ouvrage fyftématique préfenté pour recréer l'efprit,
un roman plus ou moins agréable à lire.

J'obſerve au contraire dans cet ouvrage, que ma ſeule chronologie eſt ſuſceptible de preuves inconteſtables, tandis
que je laiſſe l'hiſtoire des anciennes plantes dans une atmoſphère plus chaude, les
tranſmigrations des coquillages, la dégénération de leurs eſpeces, &c. &c. dans
la claſſe des hypothèſes plus ou moins
prouvées ; je n'adhère point du tout à la
phyſique que j'ai expoſée de ces anciens
faits, mais à la chronologie comparée des
opérations. Ces deux méthodes d'écrire
l'hiſtoire naturelle ne méritent donc point
également la confiance de l'Archiviſte
de la Nature, & je dois avouer que ſi cette
chronologie des diverſes opérations eſt
ſuſceptible de preuves inconteſtables, les
cauſes phyſiques que j'ai données de ces
travaux peuvent n'être point celles de
la Nature. Les plantes des pays chauds
ont végété peut-être ſur des hauteurs,
aujourd'hui glacées, ſans que nous con-
noiſſions la véritable cauſe du changement de l'atmoſphère. D'ailleurs cette
cauſe a-t-elle été permanente ou paſſa-
gere ? cette cauſe eſt-elle l'action d'un

M 4

feu fouterrein des volcans, d'un feu central, d'une chaleur atmofphérique permanente ou paffagere, du changement
de l'écliptique, du changement des zones
polaires en zones torrides? Je n'aurois
point uni dans cet ouvrage l'hypothétique au réel, fi je n'avois été convaincu
de l'utilité de ces vues qui exercent les
Savans : j'avoue donc que ces fyftêmes
font éloignés peut-être de la véritable
Hiftoire phyfique de cet âge primordial.

Mais j'adhère à la fucceffion des faits,
& quelle que foit la phyfique & la caufe
de ces anciens phénomènes, je foutiens
l'exiftence d'un monde organifé, 1°. avant
l'effufion des volcans qui ont couvert de
laves la roche calcaire, avant la roche fchifteufe herborifée, l'ancien lit de rivière, &
les coquilles fluviatiles qui s'y trouvent :
pour renverfer cet ordre, il faut atten-
dre que le temps ait bouleverfé toutes
ces couches hétérogènes du Coiron.

Ces remarques font néceffaires dans
cette conjon\u00eature où il eft des critiques
qui, en ouvrant un livre, s'irritent con-

tre les articles les moins prouvés & qui ne font qu'acceffoires : ils ofent écrire enfuite, j'ai anéanti cet ouvrage.

Les Epoques de la Nature, par exemple, ont éprouvé ce genre de réfutation, il n'eft point une phrafe de ce livre qui n'ait été le fujet d'une differtation polémique. Perfonne n'a avoué que M. de Buffon fût le premier Annalifte de la Nature, que l'antiquité la plus reculée n'eut jamais l'idée de cet ouvrage, & que le but du livre eft de prouver la fuccef-fion des faits de la Nature plutôt que d'en écrire la phyfique.

On a donc beaucoup critiqué cette phyfique & les explications de M. le Comte de Buffon ; mais quel Phyficien a prouvé, 1°. que la terre ne fût point déprimée d'a-bord vers les poles & renflée vers l'équa-teur ; 2°. que par conféquent elle n'a point été dans un état de fluidité primordiale ; 3°. que la vieille roche granitique du globe n'a pas exifté avant les montagnes cal-caires ; 4°. qu'enfuite la mer ne s'en eft point féparée ; 5°. que les volcans n'ont pas agi après cette féparation ; 6°. que des éléphans

n'ont pas vécu à cette époque ; 7°. que la
puiſſancé de l'homme n'a point ſecondé
enfin, dans les derniers temps celle de
la Nature.

Voilà le fond de l'ouvrage : l'ordre
de cette chronologie ſubſiſte encore malgré tout ce qu'on a écrit contre la fuſion
des granits, le feu central, la formation
des mines, la longue durée des époques,
le noyau de verre, &c. &c. Cette ſuite
de faits ſubſiſtera juſqu'à ce qu'on ait
prouvé des anachroniſmes dans toutes
ces époques, & qu'on les ait mêlangées
comme un jeu de cartes ; & M. le Comte
de Buffon peut dire encore : « *Comme*
dans l'Hiſtoire civile on conſulte les titres,
on recherche les médailles, on déchiffre
les inſcriptions antiques pour déterminer
les époques des révolutions humaines, &
conſtater les dates des événemens moraux :
de même dans l'Hiſtoire naturelle on peut
remonter aux différens âges de la Nature,
&c. Que ces médailles ſoient de bronze,
d'or ou d'argent, elles annoncent des
faits.

Réfuter des acceſſoires n'eſt donc point

réfuter le fond d'un livre, encore moins
doit-on conclure qu'en détruifant les
preuves d'un fait, on attaque ce fait : il
peut être très-mal prouvé, bien attaqué
dans les preuves, & fubfifter encore. Les
critiques qui ont un champ fi vafte, qui
fe placent fi aifément au niveau des Auteurs critiqués, une toife & un compas
à la main, qui peuvent préfenter dès
raifonnemens négatifs de tant de manieres, font obligés, plus que les autres, de
ne jamais s'écarter des principes de la
logique la plus févère. Une bonne critique eft falutaire à tous les ouvrages de
longue haleine, fur-tout à ceux dont
les parties correfpondent enfemble à des
réfultats généraux : elle rend le critique
le véritable coopérateur & non l'ennemi
de l'ouvrage ; elle éclaire, elle rectifie
l'efprit, elle développe les forces d'un
Auteur, elle entretient la liberté dans
la république des lettres, & bannit l'empire de l'autorité qui fubjugue & qui
retrécit le génie : mais quelle critique
n'eft pas l'ouvrage de la jaloufie plus ou
moins manifeftée? Cette arme qu'on peut

faifir & avec laquelle on peut agir fi
aifément , fut-elle toujours entre les
mains d'un efprit paifible, ami de la vérité, & jaloux de la déceler aux hommes?
Je connois des critiques de cette derniere claffe , & je ferai dans le cas d'admirer leur travail, (car ce n'eft pas d'eux
que je parle;) M. le Comte de Buffon en eut de femblables, & il en aura
encore : mais il en exifte un bien petit
nombre.

On peut donc , en écrivant, mélanger
l'hypothétique avec le réel ; les vues pro-
bables conduifent toujours à la découverte de quelque vérité. En chymie &
en phyfique elles occafionnent de nouvelles expériences : elles appellent les
Botaniftes & les Naturaliftes fur les Alpes & les Pyrénées pour vérifier des
faits, reconnoître des plantes ; j'ofe dire,
& je le prouverai par mon expérience,
que des fyftêmes vrais ou faux ouvrent
une carrière à la raifon. Tôt ou tard ils
décelent l'erreur, & ils découvrent la
vérité : parmi les rêveries contenues dans
Telliamed, on a reconnu, après trente

ans de travaux, la vérité de deux grands
faits qu'on avoit placés dans le chapitre
des folies de l'imagination.

RÉSULTATS

DES OBSERVATIONS

SUR

LES VOLCANS ÉTEINTS

DE LA FRANCE

MÉRIDIONALE.

APRÈS avoir décrit les phénomènes du feu volcanique dans les
divers âges de la terre, & nous
être élevés jusqu'aux anciennes périodes du monde physique par l'observation
& la description des volcans considérés
séparément, nous réunissons encore toutes ces observations & tous les faits décrits
dans les volumes précédens, pour com-

parer le degré de force active des anciens feux & des modernes, pour nous approcher du réfervoir fouterrein de tant de fleuves enflammés qui fe font fuperpofés ainfi mutuellement fur la furface du globe, pour comparer ce feu puiffant à nos feux factices atmofphériques, pour examiner l'homogénéïté de fes produits.

Les réfultats précédens (1804) annoncent l'époque comparée des éruptions; mais ceux-ci préfentent l'Hiftoire des anciens phénomènes; réfumons donc toutes nos obfervations pour conclure quelques vérités fur les feux fouterreins des volcans.

Nous avons obfervé jufqu'à préfent (depuis 1142 jufqu'à 1214, &c.) des volcans fitués fur des montagnes élevées d'environ mille toifes au-deffus du niveau de la mer, nous en avons décrit d'autres, dont la pofition eft parallele à ce niveau.

Plufieurs de ces volcans ont percé à travers le fond des vallées excavées par les eaux, plufieurs autres ont étendu leurs laves fur les fommets des montagnes avant l'excavation de ces vallées.

Ceux-ci

Ceux-ci ont enfanté dans la zone calcaire, & ceux-là dans des régions granitiques.

Quelques-uns ont vomi dans le lieu même où le fol fe change de granitique en calcaire, plufieurs autres fur des montagnes fchifteufes.

D'après ces obfervations faites en divers endroits; nous réuniffons ici fous un feul point de vue toutes ces différentes defcriptions & nous préfentons les réfultats qu'on peut tirer.

I.

Les laves bafaltiques qui dominent fur le volcan de Mezin, fitué entre le Vivarais & le Velay fur une chaîne de montagnes élevées d'environ mille toifes au-deffus du niveau de la mer, font analogues aux laves bafaltiques du volcan d'Agde fitué au niveau même de la Méditerranée.

Les mêmes laves bafaltiques des plus hauts fommets des montagnes Vivaroifes, font analogues encore à celles qu'on a tirées du fond des puits creufés dans le

Tom. IV.   N

volcan de Brefcou au-deſſous du même niveau de la Méditerranée (*voyez 1192*).

1808. Donc la Nature donne des produits volcaniques femblables fur les hauteurs fourcilleufes du globe terreſtre & au-deſſous des eaux maritimes.

I I.

Les laves qu'on a apportées des volcans de l'Amérique, de l'Orient, du Nord, éloignés la plupart d'un demi-diametre du globe, offrent encore, en les comparant, la même analogie & la même reſſemblance malgré leurs variétés.

1809. Donc le feu volcanique donne des produit analogues dans tous les lieux connus de la furface du globe : ces laves font par-tout ferrugineufes, fufibles, attirables à l'aimant, étincellantes au choc du briquet. La même caufe produit ainſi le même effet dans toutes les contrées & fur toutes les élevations terreſtres.

I I I.

Les volcans les plus antiques de la

terre, ceux qui ont vomi avant la formation des vallées, & qui ont produit des
basaltes ou des laves spongieuses, ceux
même qui ont coulé avant la formation
des carrieres calcaires secondaires, offrent
plusieurs produits analogues à la lave
compacte ou spongieuse qui a coulé en
1779 du Vésuve enflammé, & dont on
a envoyé en France des échantillons.

1810. Donc la Nature offre la même
analogie & homogénéité dans les laves
de toutes les éruptions, depuis celles qui
avoisinent la formation du globe jusqu'à
celles que les volcans vomissent aujour-
d'hui.

I V.

Tous ces volcans anciens & modernes
doivent être considerés néanmoins comme
des montagnes de nouvelle formation,
posées sur un terrein plus antique fondamental.

Ce sol est calcaire ou granitique, ou
schisteux, ou caillouté, ou enfin c'est le
fond actuel d'une mer.

Or, lorsque dans nos opérations chymiques nous exposons à l'action d'un feu violent ces diverses substances, leur produit varie comme les matieres d'essais: les scories des pierres vitrifiables ont toujours leur forme, les roches calcaires exposées au même feu qui fond les précédentes, se calcinent & ne fondent pas.

Les volcans posés sur des montagnes granitiques, schisteuses & calcaires offrent cependant des basaltes homogènes & semblables.

1811. Donc le foyer souterrein qui prépare des laves par-tout homogènes & analogues dans leur constitution, est bien inférieur à la montagne sur laquelle est posé un volcan qui n'en est que la cheminée.

V.

On reconnoît aujourd'hui que l'eau fut le premier intermède des roches calcaires, qu'elle présida à la formation des schistes, des granits, des pierres secondaires.

Cependant l'eau a donné dans ces substances des produits hétérogènes.

1812. Donc le feu est le seul élement qui élabore ses produits semblables & analogues entre eux ; l'eau a formé dans tous les tems des roches hétérogènes, & le feu des volcans a donné dans tous les les ages de la Nature des substances homogènes toujours semblables entre elles, toujours ferrugineuses, fusibles, attirables à l'aimant, étincellantes au choc du briquet, &c. &c.

V I.

Toutes les laves connues sont ferrugineuses, le fer semble même dominer dans leur constitution.

Or les volcans du Coiron en Vivarais, par exemple, & plusieurs autres, sont situés sur une roche calcaire ou marneuse où l'on ne trouve aucun indice de fer ; & cette roche, qui est en plusieurs endroits coupée presque à pic & souvent de plus de 100 toises d'élevation, n'est ferrugineuse dans aucune de ses parties.

1813. Donc il existe dans le foyer souterrein & profond des volcans, des mines considérables ferrugineuses, aliment

N 3

des volcans inconnu fur la furface où
ces volcans ont répandu leurs laves.

VII.

Les contrées volcanifées font affligées
de fréquens tremblemens de terre : les
éruptions majeures des volcans font toujours accompagnées de ces tremblemens.
La terre s'entr'ouvre fouvent dans le
voifinage des bouches ignivomes : les
fciffures obfervées dans les environs des
plus vieux volcans annoncent que leurs
éruptions furent accompagnées des mêmes phénomènes.

1814. Donc les forces projectiles des
des volcans agiffans, & les forces de trépidation des tremblemens de terre paroiffent avoir beaucoup d'analogie. Et
comme la force projectile & le foyer des
volcans font très-profonds, comme les
forces de trépidation des tremblemens
de terre font auffi placées à de profondeurs étonnantes du globe, puifqu'ils fe
propagent quelquefois d'un bout du
monde à l'autre, comme il arriva à celui

de Lisbonne avoisiné d'un grand volçan éteint, on peut croire aussi qu'une
éruption volcanique & un tremblement
de terre font des résultats différemment
modifiés au-dehors de la même force
fouterreine qui agit dans de vastes profondeurs du globe ; mais comme nous
n'avons point encore publié les observations qui nous permettent de définir
cette force, nous en renvoyons l'Histoire
à la suite de cet ouvrage.

V I I I.

L'air atmosphérique est l'ame du feu ;
sans air la combustion des corps est impossible. Le vide de la machine pneu-
matique fait disparoître la flamme, il
éteint des charbons allumés ; les vapeurs
gazeufes ne peuvent suppléer à l'office
de cet élément, elles éteignent le feu.

Non-feulement il faut de l'air pur pour
entretenir le feu, mais encore cet air
doit-il être libre, & se renouveller dans
l'espace où les corps brûlent, comme l'eau
d'un fleuve se renouvelle par le transf-

N 4

port du fluide d'un espace dans un autre.
Les Physiciens sont convaincus de cette
nécessité pour l'entretien des corps em-
brasés.

Cependant les volcans sous-marins ne
semblent point jouir d'un air ainsi modifié, ils vomissent néanmoins hors du sein
des eaux des matieres fondues analogues
aux laves que les volcans des continens
répandent sur un terrein sec.

1815. Donc le feu des volcans qui
fond & prépare les laves, est attisé par
une cause différente, tandisque les feux
atmosphériques sont nourris par des courans d'air souvent renouvellé.

I X.

Plus le feu souterrein d'un volcan a
d'énergie, plus aussi les matieres qu'il
élabore & répand sont considérables.

Or il est démontré que la Nature a
produit dans l'antiquité de ses périodes
un plus grand nombre de volcans qu'elle
n'en produit aujourd'hui : l'Allemagne,
l'Espagne, le Portugal, la France, &c.
&c. offrent mille bouches ignivomes &

des monumens très-considérables d'incendies de vieille date ; tandis que ces
contrées ne possedent plus aujourd'hui
des volcans enflammés. Tous les volcans
d'Italie qui ont agité jadis cette partie du
globe, qui on formé de vastes parties de
continent volcanisées, sont réduits aujourd'hui à deux volcans.

1816. Donc la cause souterreine qui
attise le feu des volcans a été plus active
& plus forte dans les ages passés de la
Nature.

CONCLUSIONS GÉNÉRALES SUR LE FEU SOUTERREIN DES VOLCANS.

1817. Toutes ces observations nous
conduisent à quelques vérités de résultat
que nous allons exprimer en peu de
mots. Les montagnes sur lesquelles repo-
sent les volcans, ne sont que les chemi-
nées du feu souterrein qui le produit : le
foyer de ce feu est très-profond dans les
entrailles du globe : il élabore la matiere volcanisée d'une maniere différente
de celle de nos feux factices : il eut incomparablement plus d'énergie dans les

anciennes périodes du monde phyſique:
ſes produits furent homogènes & ſemblables dans les divers ages de la Nature.
Il ne brûle point comme nos feux factices
par le ſecours de l'air atmoſphérique.

*A Antraigues en Vivarais le mois de Juillet 1778, &
rédigé à Paris en 1780.*

HISTOIRE

NATURELLE

DES VOLCANS

EN ÉRUPTION.

CHAPITRE PREMIER.

Phénomènes d'un volcan en éruption.

1818. CE n'eft plus la Nature en
état de repos que nous
obfervons : nous ne décri-
vons plus des laves froides & impuiffantes
fituées fur des plateaux fupérieurs ou dans
le fond des vallées ; mais plutôt des feux
fouterreins en action qui fecouent les
entrailles du globe, foulevent les couches

de la terre , agiſſent non-ſeulement de bas en haut en formant une bouche igni-vome , mais étendent en long & en large leurs ſecouſſes & leurs mouvemens inteſtins , amoncelent autour du goufre majeur entr'ouvert des laves ſur des laves , élancent dans les airs des matieres ſolides & répandent dans les vallées des fleuves de laves fondues incandeſcentes ; ce ſont là les phénomènes que je vais décrire d'après divers Auteurs, & ſur-tout d'après le P. de la Torre & M. le Chevalier Hamilton, cet autre Pline du Véſuve, qui obſerve les feux en éruption depuis un ſi grand nombre d'années.

Avant qu'un volcan ſe manifeſte pour la premiere fois, les ſecouſſes ſouterreines ſont véhémentes ; le ſol fondamental éprouve des mouvemens d'oſcillation extraordinaires, il s'entr'ouve enfin , & c'eſt-là le *maximum* des forces expulſives.

Dans les volcans qui ont déja brûlé, les tremblemens de terre ſont ſouvent violens, les ſymptômes qui précedent l'enfantement de la montagne ſont effrayans, ils manifeſtent la force projectile qui peut secouer ainsi des masses énormes.

La montagne déja volcanisée cede la premiere à la force de compression souterreine comme la plus foible & la bouche ignivome qui n'est couverte que de quelques dépôts de lave mouvante & légere, projette au loin ces matieres qui ferment l'orifice.

Alors les passages sont désobstrués, & le goufre éleve dans les airs des cônes radieux de flammes électriques, d'où partent souvent des éclairs & des coups de tonnerre; tout annonce l'action de l'atmosphère sur les émanations volcanisées & celle d'un fluide électrique sur un autre qui ne l'est pas.

On a vu des éruptions semblables de neuf mois de durée; les matières rutilantes & fluides qui émanent du sein enflammé détachent des parois du goufre des parties de la roche contenante, des quartz, des spats, des blocs de marbre, des morceaux de granit, de gips & autres substances qui souvent sont projectées intactes avec la matiere enflammée.

Quelquefois les forces expulfives fouterreines fe fubdivifent pour fortir à travers des bouches voifines : femblables
aux courans des eaux des fontaine qui,
partant d'un même baffin, fe partagent
en plufieurs filets.

De-là l'éruption des bouches latérales
des volcans agiffans, ces petites ouvertures fubalternes dépendent toutes du
grand goufre qui pouffe la matière par
différens tuyaux, comme les forces expulfives du cœur & des artères élancent à
travers les vaiffeaux exhalans, pendant
l'état de fueur, de petits éflux de matière
féparée des réfervoirs fanguins.

Ces nouvelles montagnes, quoíque
fubalternes, ne font que de petits volcans
en comparaifon du principal : l'Etna enfanta, en 1669, une montagne latérale
de deux ou trois lieues de circonférence
& de mille pieds de hauteur, & ce travail ne dura que quelques mois ; mais
que ces volcans font peu confidérables
en comparaifon du grand Etna ! Quelles
forces dans le feu fouterrein de ce volcan ! Il s'éleve autour de ces petites bou-

ches subalternes jusqu'à la hauteur de douze mille pieds.

On a observé que l'air atmosphérique pénetre dans l'intérieur des montagnes volcaniques, qu'il existe des cavernes qui sont les soupiraux de ce fluide, & que ces vents exhalans sont si impétueux & si froids, qu'il est impossible d'y séjourner : or l'état de ce vent annonce qu'il pénetre dans la partie froide seulement du Vesuve, les fumées qui sortent du sein incendié sont brûlantes & sulfureuses, & au contraire celles-ci sont glacées, parce que ne pénétrant que dans les parties froides de la montagne, elles en ont pris la température, & ce qui annonce bien que cet air qui circule ainsi dans les cavernes ne passe point par les canaux incendiés, c'est que les vapeurs ont, par le cratère, une issue libre, au lieu que ces vents sortent avec effort ; ils sont d'ailleurs glacés & purs, & sortant des cavernes froides du Vesuve, ils passent à travers le corps de la montagne non incendié. On observe donc des phénomènes dans les montagnes volcanifées compofées de matieres fpongieufes, légeres, coupées d'anfractuofités, perforées de boyaux fouterreins & de cavernes, comme dans tous les vides fouterreins confidérables ; ces réfervoirs font de grands & magnifiques Baromètres qui reçoivent l'air atmofphérique, & qui le rejettent felon le plus grand ou le moindre poids de l'air, de-là l'explication que je donnerai à la plupart des fontaines intermittantes de la France méridionale, & fur-tout à la fontaine volcanique de la paix & de la guerre.

Ce flux & reflux d'air atmofphérique ne fauroient donc provenir du feu fouterrein ; & fi le grand gouffre avoit befoin d'air pur pour entretenir fes feux, pour foutenir l'état de déflagration, le cratère fupérieur feroit le plus grand tuyau d'afpiration des volcans.

Les obfervations nous apprennent au contraire que les volcans n'ont pas befoin, pour brûler, d'un femblable adminicule ; les volcans fous-marins furtout, inacceffibles à l'air, brûlent fourdement fous les eaux & fous des couches

ches de roches folides, ils ont la force
d'élaborer des laves dans ces cavernes
profondes, ils expulfent au-dehors les
matieres qui les furchargent, ils vomif-
fent dans le baffin inondé des eaux maritimes ces matieres incandefcentes, ils
élevent des laves fur des laves, & ces ouvrages du feu paroiffent faillans fur la
furface des mers.

Telle eft l'Hiftoire des volcans fous-
marins éloignés des continens : ne foyons
pas furpris que quelques-uns aient vomi
des amas de fange & même des torrens
d'eau : le mouvement inteftin expulfe
les matieres qui s'oppofent à la fortie des
laves, il rejette l'eau & les fubftances
qu'elle a diffoutes très-profondément &
vraifemblablement fous le niveau de la
furface de la mer.

CHAPITRE II.

Des laves incandescentes.

1819. La premiere éruption de laves que les modernes, aidés de la physique, aient bien décrite, est du P. de la Torre; il s'exprime ainsi dans l'Histoire du Vésuve, pag. 152 : « Le vingt-troisieme incendie du Vésuve arriva le 25 Octobre 1751, à quatre heures de la huit. La montagne se rompit du côté de Tre case, comme on le voit avec le cours de la lave. Je tirerai les observations que j'ai à faire sur cet incendie, d'une courte relation que j'en fis imprimer dans la même année, & d'une planche que j'y joignis. Je me transportai sur le Vésuve le 19 Octobre, quelques jours avant l'incendie : j'observai seulement qu'il sortoit de la fumée de quelques endroits du plan intérieur; mais abondamment surtout de la petite montagne qui couvroit l'abîme, semblable à celle qui est repréfentée. Cette fumée fortoit avec bruit, & faifoit un fifflement femblable à celui que feroit un métal fondu qui tomberoit dans un canal humide. Le 22 Octobre, vers les 3 heures après minuit, on entendit un grand bruit du côté d'Ottajano, & le 23, à 10 heures du matin, on fentit un tremblement de terre affez confidérable à Naples & à Maffa di Somma. Enfin le Lundi 25 Octobre, vers les 4 heures de la nuit, la montagne s'ouvrit avec un grand bruit un peu au-deffus de l'Atrio, le feu ayant fendu en gros quartiers, & renverfé une ancienne lave couverte de fable, qui lui faifoit obftacle. De cette ouverture dont j'ai déja parlé, fortit une matiere de la lave femblable à du criftal fondu affez épais. Elle defcendit fur le plan de l'Atrio de Cavallo, occupant un large efpace, & prenant le chemin de Bofco tre cafe. Mais ayant trouvé un vallon profond & efcarpé, elle s'y jetta, & prit delà un autre chemin ; à favoir celui du Mauro, où font les bois du Prince d'Ottajano. C'eft ce qu'on voit diftinctement. Son cours fut fi rapide, que le

O 2

premier jour elle fit en 8 heures quatre
milles de chemin, allant depuis le commencement de l'Atrio jusqu'au vallon
nommé *Fluscio*, qui est l'endroit où l'on
commence à monter pour arriver au plan
de l'Atrio. J'arrivai à 9 heures à ce vallon.
Comme il n'étoit par fort large, mais
profond, la lave y étoit resserrée, & couloit comme un torrent d'une matiere
fluide, mais d'une certaine consistance.
On voit la forme extérieure de cette lave.
Le ciel étoit ce jour-là fort serein, mais
l'air bien froid. Cependant du côté *b*, *c*,
la matiere étoit visiblement en feu, &
paroissoit comme un mur de cristal fondu
qui s'avançoit tout d'une piece, & brû-
loit tous les arbres & les buissons qu'il
rencontroit dans les côtés du vallon. Je
me tenois à 13 ou 14 pieds de la lave
dans le plan, où il y avoit encore des
arbres & des vignes. A cette distance je
sentois une chaleur considérable, mais
qui loin de m'incommoder, me donnoit
au contraire des forces & de la vigueur.
Il falloit me garder sur-tout des pierres
qui rouloient continuellement de la sur-

face en bas. La lave étoit toute couverte
de pierres de différentes grandeurs, dont
les unes étoient naturelles, de couleur
blanche & brune ; les autres étoient cal-
cinées & cuites comme une brique qui a
été long-temps dans un fourneau ; quelques-unes reſſembloient au mâchefer. Il
y avoit avec les pierres une grande quantité de ſable de couleur de châtaigne ou
de cendre, & l'on y voyoit de temps en
temps des branches & des troncs entiers
d'arbres de toute eſpece, tant verds que
ſecs. On peut juger par les différentes
matieres que portoit la lave, qu'elle en
avoit ramaſſé beaucoup dans ſon chemin,
& peut-être dès le commencement, lorſque le torrent étoit moins haut, & avoit
par conſéquent plus de largeur. Au reſte,
le feu n'étoit pas viſible ſur la ſurface
ſupérieure de la lave. Si cette matiere
rencontre en ſon chemin quelque obſ-
tacle, comme un gros caillou, elle s'arrête devant pendant un peu de temps,
coulant toujours par les côtés, & paſſe
enſuite par-deſſus, quand elle eſt parvenue à ſa hauteur. Si elle rencontre un

arbre, elle l'entoure en continuant fon chemin. S'il eft fec, un moment après les feuilles s'enflamment tout-à-coup, le tronc fe romp, & il eft emporté par la lave; s'il eft verd, les feuilles jauniffent d'abord, l'arbre fe plie & fe romp pour l'ordinaire : mais il ne prend feu qu'après avoir été entraîné fort loin par la lave. Les plus gros arbres ne fe rompoient ni ne fe féparoient du tronc, mais les feuilles fe brûloient peu-à-peu, & les branches, avec une grande partie du tronc, étoient réduites en charbon. Il reftoit encore, après que la lave fe fut refroidie, plufieurs de ces arbres fur pied, qui étoient prefque entierement réduits en charbon. Quelques Habitans coupoient les arbres avant que le torrent y fut arrivé. Dès que ce qui reftoit du tronc étoit couvert de quelques pieds de matiere, on voyoit à cet endroit fortir d'entre les pierres qui étoient fur la furface de la lave, une flamme vive & fifflante qui duroit un peu de temps. Si l'on enfonçoit un morceau de bois pointu dans le front de la lave, il falloit le

pouffer avec force ; qu'il fut verd ou fec,
on voyoit auffi-tôt fortir une flamme
bruyante, & l'on trouvoit, en le retirant,
fa furface réduite en charbon ; mais il
ceffoit de brûler dans le moment même.
Ce qui fait voir évidemment que le bois,
pour prendre feu & continuer de brûler,
doit être entouré de flamme & d'air tout
enfemble, & non pas être renfermé dans
un feu ferré, comme étoit celui-là , & où
l'air ne pouvoit pas jouer librement. Ce
torrent de matiere s'adaptoit toujours à la
capacité du lieu où il defcendoit, fe re-
tréciffant & fe hauffant là où le vallon
étoit étroit, & s'élargiffant & s'abaiffant,
là où le vallon étoit fpacieux. Dans un
endroit du vallon qui étoit large de 102
palmes, là hauteur de la lave étoit de
plus de 2 palmes, & faifoit 12 palmes
de chemin par minute. La hauteur alla
enfuite jufqu'à 4 palmes; & il faifoit alors
en une minute un peu plus de 9 palmes
de chemin. Sa hauteur croiffoit fucceffi-
vement par la nouvelle matiere qui defcendoit ; enforte que dans une partie
du vallon, qui étoit large de 182 palmes,

O 4

la hauteur du torrent étoit de plus de 7 palmes, & il faisoit aussi 7 palmes de chemin par minute. C'est-là que se terminoit le vallon de Flufcio, & que commençoit celui de Buonincontro, profond de 80 palmes, & large de 50, tout près de la maison de même nom. La lave y arriva vers 1 heure après midi, n'ayant fait, depuis plus de huit heures de temps, qu'un demi-mille de chemin, parce que le vallon de Flufcio n'avoit pas beaucoup de pente. La matière étant arrivée près de ce second vallon, s'arrêta pendant quelque temps, s'élevant toujours jusqu'à ce qu'elle fût à la hauteur des peupliers dont ce lieu étoit planté. La matiere de dessous commença ensuite à tomber dans le vallon, s'applatissant comme une pâte molle ; elle le remplit bientôt, & y continua son cours ordinaire. Mais elle avoit perdu en tombant sa consistance uniforme : en se divisant elle avoit été refroidie par l'air, & s'étoit mêlée avec différentes pierres ; ensorte que son cours n'étoit plus égal comme auparavant, & qu'elle rouloit en ondes, &

avec quelques interruptions. Le vallon de Buonincontro étoit terminé par le chemin qui menoit d'un côté aux ter- res, & de l'autre vers Pifcinale. Le tor- rent arriva à ce chemin le foir du même jour 26 Octobre, & s'étant répandu fur les terres, il s'abaiffa fenfiblement. L'é- tendue qu'il occupoit le jour fuivant 27 Octobre dans le terres, étoit de 1900 palmes, & fa hauteur étoit de 9, de 10, & même de 12. Cette matiere, en s'éten- dant ainfi fur les terres, préfenta à l'air une plus grande furface, & perdit beau- coup de fa chaleur. Comme elle ne trouva pas de pente fenfible, fon cours fe ral- lentit : ainfi fon mouvement progreffif ayant diminué, & la furface extérieure s'étant refroidie confidérablement, l'ef- fervefcence naturelle, qui accompagne toujours les matières bitumineufes & ful- fureufes, agit avec plus de force : la lave commença donc à s'enfler & à for- mer des couches de différentes largeur & hauteur, & de différentes qualités de matieres. Il y en avoit de plates, longues & larges de 5, de 6, de 10, & même de

12 palmes, & épaiſſes d'un, de 2 ou de 3 pouces; d'autres étoient convexes; d'autres avoient la figure des ondes de la mer; d'autres reſſembloient à des cables de navire; d'autres enfin à des boules un peu applaties. La matiere en étoit noire & légere comme le mâchefer; il y en avoit de plus peſantes & de plus compactes, quelques-unes étoient comme une brique brûlée; d'autres enfin comme un ſable calciné & réuni, avec beaucoup de pores. Quand elles étoient de couleur de cendres ou de couleur de brique, il y avoit au milieu une certaine quantité de ſable ou de terre fine toute brûlée. Il y avoit aſſez ſouvent ſous ces couches, quand elles étoient hautes de 6 ou 7 palmes, une matiere moins poreuſe & plus ſolide, épaiſſe d'une ou deux palmes, qui eſt celle dont on ſe ſert pour paver les rues de Naples, & qu'on nomme plus particulierement *lave*. Je crois qu'elle n'eſt pas différente de celle de deſſus: mais le poids qu'elle porte la rend plus compacte, & l'empêche de ſe gonfler. Car j'ai éprouvé pluſieurs fois, qu'en en

prenant avec un bâton pendant qu'elle
eſt encore liquide , & qu'elle coule ſous
les couches dont je viens de parler ; &
qu'en la délivrant ainſi du poids de la
matiere ſupérieure , elle devenoit incon-
tinent légere & ſpongieuſe ; en un mot ;
qu'elle ne différoit en rien de l'autre qui
la couvre. De plus, les tables qu'on en
a faites à Naples ſont légeres , & n'ont
jamais le poli du marbre naturel : &
même , ſi l'on regarde leur ſurface avec
la lentille, elle paroît pleine de pores de
différentes grandeurs. La lave ſe feroit
bientôt arrêtée & refroidie entierement,
s'il n'étoit ſorti continuellement du flanc
de la montagne, qui s'étoit ouvert, une
nouvelle matiere, qui coulant ſous celle
qui étoit ſortie la premiere , & qui s'étoit
refroidie à l'extérieur, la ſoulevoit & la
faiſoit avancer, non avec la vîteſſe &
l'uniformité qu'elle avoit dans le vallon,
mais d'un mouvement lent , & comme
des des ondes fluides d'une certaine con-
ſiſtance. Le torrent paroiſſoit dans certains momens ſans mouvement & ſans
aucun ſigne extérieur de feu, tout irré-

gulier, haut dans des endroits, & bas
dans d'autres ; mais un peu après on
voyoit tomber des amas d'écumes & de
pierres les unes fur les autres, qui fai-
foient le même bruit, que feroit un fac
rempli de verre rompu que l'on renver-
feroit par terre, du milieu defquels on
voyoit fortir comme des langues de matiere liquéfiée & enflammée. La lave
continuoit ainfi fon chemin ; mais d'un
mouvement fort inégal.

Quoique tout le torrent fe fût fort
refroidi dans les côtés, & fur la furface
extérieure, il confervoit néanmoins intérieurement de la chaleur & un feu
très-vif ; enforte que toute la matiere,
qui étoit au milieu dans toute la longueur, étoit reftée liquide, quoique celle
des côtés eût pris de la confiftance. La
matiere de la lave a donc non-feulement
le mouvement progreffif, qui naît de fa
pefanteur naturelle, & la porte à defcendre dans le lieux les plus bas, comme
tous les autres fluides ; mais encore un
mouvement intérieur d'effervefcence qui
la porte continuellement à fe gonfler,

furtout quand fon mouvement progreffif
diminue. Il s'enfuit de-là, que dans les
campagnes fpacieufes, elle marche de
maniere qu'elle fe forme à elle-même un
lit, dont les bords font élevés & folides,
dans lequel elle coule dans toute la longueur du torrent, & où elle s'entretient
liquide & toute en feu pendant beaucoup
de temps. Quand cette matiere enflammée arrive au front du torrent, & qu'elle
y trouve une digue qu'il s'eft formée à
lui-même en fe dilatant, & en fe refroidiffant, elle la brife ou la fond en partie,
jufqu'à ce qu'elle paffe par-deffus, & elle
pourfuit ainfi fon cours. C'eft dans cet
état qu'étoit la lave le 27 Octobre, dans
les terres du Baron de Maffa, où elle
étoit venue dès le jour précédent. La
matiere s'étant formé un lit à elle-même,
y conferva fa chaleur, & reprit fon cours
ordinaire & régulier, tant dans le vallon
de Buonincontro, où elle étoit tombée
le jour précédent, que dans les terres;
précifément comme elle l'avoit dans le
vallon de Flufcio. Ayant mefuré le même
jour 27, vers neuf heures du matin, la

vîteſſe du torrent dans le milieu de ce vallon, je trouvai qu'il faiſoit 28 palmes par minute, & qu'il avoit 16 palmes de largeur avec une pente ſenſible. Un peu plus bas, vers les terres, où il y avoit moins de pente, il faiſoit, à deux heures après midi, dix palmes par minute. Ce torrent de matiere liquide, ſemblable à du criſtal fondu, qui couloit au milieu de la lave, étoit tout en feu ſur la ſuperficie, quoique l'air froid y eût fait extérieurement un croûte très-mince, & moins enflammée, à travers laquelle on voyoit le feu vif qui couloit deſſous. On ſentoit, en ſe tenant ſur les bords de ce lit que la lave occaſionnoit naturellement, une chaleur ſi conſidérable, qu'on ne pouvoit pas reſter long-temps dans la même place. Si l'on regardoit pendant la nuit la ſurface de la lave, même quelques jours après qu'elle s'étoit refroidie, on en voyoit ſortir quelques flammes de ſoufre qui s'éteignoient auſſi-tôt. Le 29 il tomba un pluie continuelle : le torrent commença à s'étendre, & à former différentes branches. Le 30 la lave con-

tinua de couler comme les jours précédens; mais le 31 elle rallentit beaucoup
son mouvement, ne faisant plus que huit
palmes par minute. Enfin le 9 elle re-
tarda sensiblement son cours, & se refroidit, apparemment par les pluies qui
continuerent depuis le 2 de Novembre
jusqu'au 16. Ce qu'il y avoit de plus
remarquable dans ce torrent, c'est ce
qui arrivoit non-seulement lorsqu'il rencontroit des pierres & des arbres, comme
nous l'avons dit ci-dessus; mais encore
lorsqu'il se trouvoit des maisons sur son
chemin. Il s'arrêtoit lorsqu'il n'étoit plus
qu'à une palme des murs, & il se gon-
floit sensiblement; ensuite il couloit par
les côtés en poursuivant son cours, &
entouroit la maison, mais sans y toucher.
S'il rencontroit quelque porte fermée,
alors le bois, fortement échauffé par la
chaleur de la matiere, se noircissoit, se
convertissoit en charbon, & se consumoit
enfin. Ensuite on voyoit entrer dans la
chambre une pointe de lave qui s'avançoit de quelques palmes, en touchant les
jambages de la porte, & n'alloit pas plus

loin. Il eſt vrai qu'il tomba une maiſon, peu de temps après que la lave y fut arrivée : mais ce ne fut que parce qu'il tomba de deſſus la ſurface de la lave une pièce énorme de matière qui enfonça la voûte, & fit écrouler la maiſon. Quoique le torrent dont j'ai parlé juſqu'à préſent ſe fût arrêté le 9 Novembre 1751, il conſerva néanmoins pendant long-temps une grande chaleur. J'allai le viſiter dans toute ſon étendue le 22 & le 23 Mai 1752, & je trouvai que, quoiqu'on mar- chât deſſus ſans éprouver de chaleur, du moins ſenſible, néanmoins il y avoit quel- ques ouvertures en pluſieurs endroits, dans toute ſa longueur, d'où il ſortoit une chaleur violente & inſupportable, avec une fumée lancée avec force, mais inviſible, qui ôtoit dans l'inſtant la reſ- piration. Cette fumée n'avoit qu'une très- légere odeur de ſoufre : mais elle en avoit une très-forte de ſel ammoniac, de nitre & de vitriol mêlés enſemble, qui ſaiſiſſoit le gozier & les narines. Ces ou- vertures ſuffocantes ſe nomment, dans le langage vulgaire, *mofete*, pour les
diſtinguer

de celles qu'on nomme *Fumere*, qui font
des endroits d'où il fort une fumée humide, mêlée avec le foufre, le fel ammoniac ou le vitriol : mais qui n'eft pas
lancée avec tant de force, & par conféquent ne produit pas un auffi vif fentiment de fuffocation. Il a plû à d'autres
d'expliquer différemment les *Mofétes* :
mais je fuis très-perfuadé, après toutes
les obfervations que j'ai faites, que cette
Mofète même, que l'on obferve toujours
dans la grotte du Chien prés le lac d'Ag-
nano, ne differe de celles dont je viens
de parler, que par la qualité des parties
qu'elle lance en l'air. Celles de la grotte
du Chien font vitrioliques & métalliques ;
enforte qu'elles retombent dans l'inftant
par leur pefanteur naturelle, & qu'elles
ne s'élevent pas au-deffus de terre, dans
les plus grandes chaleurs où l'air leur fait
le moins de réfiftance, de plus d'un pied,
comme je l'ai obfervé plufieurs fois ; &
par un temps froid, d'un demi-pied, &
même de quatre pouces. La fumée vifi-
ble de cette grotte, ou pour mieux dire,
les parties invifible qui s'en échappent,

Tom. IV.   P

produifent dans le gozier un picotement
léger , & même de la fuffocation ; mais
elle n'eſt pas dangereuſe , comme quelques-uns l'ont cru. Le célebre M. de la
Condamine , cet habile Obſervateur,
dont j'ai eu occaſion en cette année
1.755 de connoître les rares talens dans
le voyage qu'il a fait à Naples, a fait des
expériences réïtérées ſur cette fumée,
& il eſt du même ſentiment que moi.
Ayant été l'obſerver pendant trois ma-
tins , il me diſoit , en plaiſantant, qu'il
venoit de prendre ſon chocolat. Tout le
corps du torrent, dont nous avons fait
la deſcription, étoit d'une matiere noire,
dure comme de la pierre, peſante, mais
percée d'une infinité de petits trous. Sa
ſurface étoit en grande partie couverte
d'une quantité prodigieuſe d'écume ſemblable au mâchefer , de grandeurs & de
figures différentes. Il y avoit en quelques
endroits beaucoup de terre rouge, aride
& brûlée : ailleurs on voyoit de longs &
larges blocs compoſés de ſable , dont la
violence du feu avoit fait une maſſe ;
d'autres enfin reſſembloient par leur con-

fiftance à des briques bien cuites. La derniere matiere qui étoit fortie des ouvertures dont j'ai parlé, étoit beaucoup plus
légere que les écumes ordinaires. Le fond
en étoit noir ; mais il y avoit par-ci par-là
quelques taches de couleurs tirant fur
l'azur, l'or ou l'argent. Ces écumes fpongieufes formoient différentes figures, &
étoient de différentes grandeurs. Quelques-unes reffembloient à de petites nuées
entaffées ; d'autres, à des cables de vaiffeau. Elles avoient, en un mot, les mêmes figures & les mêmes grandeurs des
écumes dont j'ai fait la defcription. Je
vis en quelques endroits des troncs de
chêne qui, quoiqu'entourés de lave, &
à demi-brûlés, confervoient encore leurs
branches & leurs feuilles feches. Il y
avoit déja fur les parties latérales de la
lave quelques herbes bien fraîches, &
d'un beau verd ; & l'on trouvoit fur les
pierres fpongieufes du milieu, & fur les
écumes, une grande quantité de fel,
partie en poudre, partie criftallifé. C'eft
ce que j'obfervai fur le torrent principal
de 1751 ; mais outre celui-là, le Véfuve

P 2

en produifit deux autres moins confidérables ; qui, après être fortis des mêmes bouches, ne purent pas defcendre par le même côté que le premier torrent ; mais fe jetterent de l'Atrio, fur Bofco tre cafe, & vers Ottajano, produifirent les mêmes effets que le torrent principal, & dùrerent quelques jours de plus. Je ne parle point de plufieurs autres branches qui fortirent, tant du torrent principal, que des deux derniers. Il eft aifé de concevoir que cette matiere fluide, quoiqu'elle ait plus de confiftance, & ordinairement moins de rapidité que l'eau, doit fe partager en différentes branches, comme l'eau qui defcend des montagnes, & fe répand dans les terres ».

M. le Chevalier Hamilton a fait fur les éruptions, & fur la lave incandefcente, les remarques les plus judicieufes: « L'éruption de 1766, dit-il page 22, ne ceffa totalement que le 10 Décembre, après avoir duré neuf mois. Cependant dans tout cet efpace de temps la montagne n'avoit point encore jetté le tiers de la quantité de lave qu'elle a vomi en sept jours seulement qu'a duré la dernière éruption..... J'ai vu depuis que la rivière de lave de l'*Atrio di Cavallo* étoit de soixante à soixante-dix pieds de profondeur, & dans quelques parties d'une largeur d'environ deux milles. Quand le Roi quitta Portici, le bruit étoit déja augmenté considérablement, & la percussion de l'air par les explosions étoit tellement violente, que non-seulement des portes & des fenêtres dans le Palais du Roi en furent totalement enfoncées, mais même encore une porte que l'on avoit bien fermée à clef. La même nuit plusieurs portes & fenêtres à Naples s'ouvrirent aussi d'elles-mêmes, & quoique ma maison ne soit point située du côté de la ville vers le Vésuve, je fis l'expérience d'ôter les verroux de mes fenêtres, qui s'ouvrirent entierement à chaque explosion de la montagne. Outre ces explosions très-fréquentes, on entendoit un bruit sourd souterrein & violent qui dura cette nuit à-peu-près cinq heures. J'ai imaginé que ce bruit singulier pouvoit avoir été causé par la lave qui avoit ren-

P 3

contré quelque dépôt d'eau de pluie dans
les entrailles de la montagne, & que le
combat entre le feu & l'eau pourroit en
quelque façon rendre complet des sifle-
mens & de ces bruits extraordinaires. Le
Pere de la Torre, qui a tant & si bien
écrit sur le mont Vésuve, pense comme
moi, & il est en effet très-naturel d'imaginer que les eaux des pluies se soient
logées dans plusieurs des cavernes de la
montagne, comme dans la grande éruption du Vésuve de l'année 1630. Il est
bien attesté que plusieurs villes, entr'autres Portici & Torre del Greco, furent
détruites par un torrent d'eau bouillante
qui sortit de la montagne avec la lave,
& fit périr quelques milliers de person-
nes. Il y a environ quatre ans que le mont
Etna en Sicile jetta aussi de l'eau chaude
pendant une éruption.

Quelques jours après il fut impossible
de juger de l'état du Vésuve à cause des
cendres & de la fumée qui le couvroit
entierement, & qui s'étendirent sur Naples même. Le soleil avoit alors la même apparence que lorsqu'on le voit à

travers un brouillard épais à Londres, ou à travers d'un morceau de verre noirci de fumée. Les cendres tomberent à Naples toute la journée. Les laves des deux côtés de la montagne coulerent avec force ; mais jufques les neuf du foir il y eut peu de bruit ; alors le même mugiſſement extraordinaire recommença accompagné d'exploſions comme auparavant, & ce bruit dura près de quatre heures : il ſembloit que la montagne alloit être miſe en pieces, & en effet, elle s'ouvrit preſque du haut en bas. Hier le baromètre de Paris étoit à 279, & le thermomètre des Farrenheit à 70 degrés ; au lieu que quelques jours avant l'éruption il avoit été à 65 & 66 ».

THÉORIE

De la formation des prismes & autres formes géométriques ou irrégulières de la lave basaltique.

1820. APRÈS que les volcans ont vomi des laves & superposé des coulées à des coulées, les phénomènes bruyans des éruptions disparoissent peu-à-peu, & il ne reste plus que des laves ardentes abandonnées au refroidissement : telles les anciennes déjections basaltiques de tous nos volcans éteints de la France méridionale.

Jusqu'à présent nous n'avons traité que des formes de cette substance. Elaborée, fondue & vomie par les volcans, répandue sur des plateaux supérieurs des montagnes, & dans des âges plus récens au fond des vallées, il ne reste plus qu'à l'observer dans la circonstance de son refroidissement.

Les formes si variées de cette substance dépendant de sa nature vitreuse, la plus grande partie de ses phénomènes peut être expliquée par les principes de la physique du verre : comme le verre, le basalte se fond & se refroidit, comme lui il éprouve ou des retraits précipités ou réguliers, & c'est à la précipitation ou à la lenteur des refroidissemens que nous attribuons la formation des prismes & des autres configurations basaltiques & les refroidissemens réguliers ou précipités à la forme du sol fondamental.

Nous ne donnons donc plus ici des descriptions de ces substances, nous supposons toutes celles que nous avons données (de 639 à 804) dans le premier volume) : nous croyons qu'on a suivi l'histoire de cette lave considérée d'abord sous la forme de prismes plus ou moins réguliers & sous celle de carrieres ; *contenant* tantôt des corps étrangers hétérogènes, & tantôt *contenue* quelquefois elle-même

dans des roches en forme de filons. En
suppofant donc qu'on a toutes ces obfervations préfentes à l'efprit, nous ex-
pofons quelques principes préliminaires
de phyfique & de chymie pour l'intelligence de nos raifonnemens & pour la
théorie des formes prifmatiques.

Nous avons déja divers Mémoires fur
le bafalte. M. Defmareft prouva le premier que cette fubftance appartenoit aux
volcans. M. de Genfane affura que fes
configurations prifmatiques étoient l'ouvrage du retrait ; mais il ne prouva cette
affertion que par un exemple tiré de la
fonte des mines.

Peu de temps après M. le Camus, à
qui l'Hiftoire naturelle doit plufieurs
Mémoires intéreffans, publia dans l'En-
cyclopédie, édition *in*-4°., au mot *Ba-
zalte*, un Mémoire où il dit que ces prifmes ne font point le produit d'une criftallifation, que les bafaltes articulés font
l'ouvrage de plufieurs coulées fuperpofées, & que les prifmes ont été formés
par le retrait de la matiere.

M. Faujas de Saint-Fond & M. l'Abbé

de Mortefagne ont confirmé cette vérité, que les bafaltes font des produits des volcans : & M. Faujas a fait connoître de nouvelles formes dans les bafaltes, & prouvé par des obfervations locales leur argilification, &c.

M. le Comte de Buffon a propofé un nouveau fyftême fur cette matière ; il penfe que la compreffion réciproque des coulées entre elles en a formé des colonnes prifmatiques. La chûte perpendiculaire de la lave dans les flots de la mer, dit-il, forma ces colonnes ; ces coulées ou faifceaux de lave s'appliquerent les uns contre les autres ; & comme leur chaleur intérieure tendit à les dilater, ils s'oppoferent une réfiftance réciproque, & il arriva le même effet que dans le renflement des pois, ou plutôt de graines cylindriques qui feroient preffées dans un vaiffeau clos rempli d'eau & qu'on feroit bouillir ; chacune de ces graines deviendroit hexagone par la compreffion mutuelle. *Voyez les Epoques de la Nature*, in-4°., *page 449.*

Enfin le dernier fentiment appartient

à M. Sage, qui penſe, d'après le témoignage de tant d'Obſervateurs, que les
baſaltes ſont à la vérité le produit des
volcans ; mais qu'ils ne ſont qu'un reſte
de lave fangeuſe priſmatiſée par le retrait humide, & non par le retrait igné
& vitreux. Les baſaltes, ſelon ce Chy-
miſte, n'ont été que des laves boueuſes,
& non point des laves fondues.

Nous eſſayons ici une théorie de la
formation des priſmes baſaltiques, & de
toutes les formes ſous leſquelles ſe préſente cette lave ; cette théorie ſera appuyée ſur des principes chymiques &
phyſiques que nous appliquerons à toutes
les formes géométriques ou irrégulieres
de la lave baſaltique qu'on connoît : nous
prouverons que les baſaltes ne peuvent
point toujours être diviſés d'une maniere
réguliere ; que c'eſt une ſubſtance fondue ; que le refroidiſſement gradué ou
précipité eſt la ſeule cauſe des configurations géométriques ou confuſes ; que
l'irrégularité du terrein fondamental antérieur aux effuſions eſt la cauſe déter-
minante de l'irrégularité des refroidiſſe-

mens, &c. ; qu'enfin les grandes coulées
de laves bafaltiques ne font prifmatifées
en forme de colonnades, que parce qu'elles ont été refondues par des courans
fupérieurs , & refroidies infenfiblement
fous ces coulées confervatrices.

CHAPITRE PREMIER.

Principes & observations de Chymie & de Physique, fondemens de la Théorie des Basaltes.

I.

1821. LES élemens, les corps fluides, les végétaux, les métaux & toutes les subftances les plus compactes ont un volume plus grand dans une atmofphère chaude ou dans l'état d'incandefcence que lorfqu'ils font expofés dans une atmofphère plus froide.

II.

1822. Plus un corps eft chaud, & plus ce degré de dilatation eft confidérable. La chaleur raréfie l'air d'une maniere extraordinaire, l'eau & tous les fluides font volatilifés par l'action du feu ; les métaux parfaits, tels que l'or, &c., éprouvent le même fort lorfque ce feu augmente jufqu'au degré néceffaire à la di-

vifion de leurs molécules conftituantes.
De forte qu'on peut affirmer l'univerfa-
lité de cette règle. *Plus le feu agit fur un
corps , & plus fes parties conftitutives
s'écartent mutuellement les unes des autres.*
Depuis la difruption des molécules élementaires jufqu'à leur état de volatilifation.

1823. Dans un métal en état de fufion, le point de contact d'une molécule
métallique avec fa voifine , devient nul
ou prefque nul. Ces molécules qui, avant
la fufion étoient juxtapofées & fuperpofées mutuellement , s'écroulent les unes
fur les autres par l'action expanfive de
la matiere ignée,& le corps folide devient
fluide jufqu'à ce que les mêmes molécules fe rapprochent pendant le refroidiffement. Alors les forces de vicinité &
d'attraction réciproque réuniffent de nouveau ces particules conftituantes que le
feu avoit féparées & agitées.

III.

1824. L'action du feu fur les corps
divers de la Nature varie infiniment : elle
volatilife

volatilise les fluides ; elle détruit les animaux & les végétaux ne laissant pour
résidu que quelques cendres mortes &
terrestres ; elle calcine les substances calcaires, & fond les granits ; elle volatilise
le diamant ; elle calcine les métaux im-
parfaits ; & s'il est encore dans la Nature
des substances qui paroissent résister à
l'action du feu comme le quartz, croyons
que l'esprit humain n'a point encore
trouvé l'art d'administrer tout le feu
nécessaire à leur fusion : on a découvert dans ce siécle l'action du feu sur le
diamant, nos neveux parviendront peut-
être à fondre le quartz qu'on a regardé
jusqu'à présent comme infusible.

I V.

1825. Les métaux exposés à l'action
du feu entrent bientôt en fusion &
se dilatent ; pendant le refroidissement
leurs parties se rapprochent, se resser-
rent & se condensent : le métal devenu
solide acquiert un volume égal à celui
qu'il avoit avant la fusion, & non-seulement la fusion est incapable de détruire

Tom. IV. Q

la connexion naturelle des molécules
conſtituantes; mais elle facilite l'union de
pluſieurs blocs ſéparés en un ſeul, &
l'alliage des autres métaux.

V.

1826. Les ſubſtances vitreuſes au
contraire, plus abondantes en molécules terreſtres, dépourvues par conſéquent de ce nerf & de ces principes de
liaiſon qui conſtituent la malléabilité,
exigent la combinaiſon de pluſieurs cir-
conſtances pour n'être point félées, coupées, &c. pendant l'acte du refroidiſſement : auſſi lorſque le verre fondu paſſe
ſubitement d'un fourneau où il eſt en
état d'incandeſcence dans un endroit très-
froid, ſes molécules écartées les unes des
autres pendant la fuſion ſe réuniſſent
rapidement par leur propre force d'attraction : cette réunion ſimultanée forme
alors des vides & des ſéparations en forme de fêlures. Lorſqu'un émailleur veut
couper un tube de verre, il fait chauffer
le tube, & il applique à ce tube tout
chaud un corps froid; le tube ſe gerſe

subitement vers ce point de contact, &
peut être coupé très-aisément.

VI.

1827. Aussi pour obvier à ce grand
inconvénient que toute matiere vitreuse
éprouve en passant de l'état d'incandescence à celui de refroidissement, on pra-
tique, dans toutes les verreries, des fourneaux de recuite qui doivent être moins
échauffés que les fourneaux de fonte.
On y place les vases de verre qu'on sort
en état d'incandescence du grand fourneau de fonte; les molécules de verre
se rapprochent alors plus lentement &
successivement les unes après les autres;
rien n'est précipité, tout s'opere avec
mesure & symétrie dans toutes les parties du verre recuit.

VII.

1828. Voyez ce qui se passe dans la
larme batavique; on sait que cette substance n'est qu'un morceau de verre qu'on
jette subitement dans l'eau, au sortir du
fourneau de fonte lorsqu'elle est encore

incandefcente : la fuperficie extérieure
de ce verre fondu , & tout rutilant, fe
confolide tout-à-coup par le contact de
l'eau froide qui l'environne fubitement :
les parties internes de la larme batavique
fe condenfant moins rapidement, divers
centres de retrait intérieur divifent ce
verre en corpufcules féparés entre eux
par des gerçures : fi on coupe l'extrè-
mité de cette larme , les corpufcules
ifolés en s'écroulant fautent en éclats,
& toute la maffe vitreufe devient pul-
vérulente ; ces phénomènes, qui appartiennent à la phyfique la plus faine, ne
peuvent trouver d'autres explications.

VIII.

1829. Le bafalte eft une fubftance
mixte. Nous avons prouvé que c'étoit
un mêlange de matieres ferrugineufe &
vitrifiable.

IX.

De ce mêlange il doit donc réfulter
un corps qui participe du verre & du
fer.

1830. Le verre anéantit la malléabilité du fer contenu dans le basalte.

1831. Le fer anéantit la transparence & les autres qualités du verre.

1832. Le basalte n'est donc qu'un fer vitreux ou un verre ferrugineux sans transparence, sans nerf, sans malléabilité, sans douceur dans ses principes, éminemment aigre.

X.

1833. Dépourvu de nerf & de malléabilité, la lave basaltique ne peut donc, pendant l'acte de refroidissement, se resserrer en un seul corps dans toutes ses parties, puisque, au sortir de la bouche enflammée, elle s'étend en forme de fluide sur des territoires froids, elle doit donc être saisie subitement par ce froid externe, se gerser en se rapétissant, se fendre en diverses manieres selon l'ordre des degrés de refroidissemens : or je prie le Lecteur de vouloir bien examiner avec attention ce que je crois devoir appeler degrés de refroidissemens, & la maniere dont je les ai divisés pour rai-

fonner fur les phénomènes divers occafionnés par ces degrés.

XI.

1834. Je fuppofe idéalement douze
degrés fucceffifs de refroidiffement depuis l'état d'incandefcence jufques au
degré de froideur actuelle de ces bafaltes.

J'exprime ces douze degrés par les
douze lettres A, B, C, D, E, &c. jufques à la douzieme lettre M.

1735. Il eſt démontré que les refroidiffemens ne fe font pas d'une maniere
inſtanée ; il faut donc néceſſairement
douze efpaces de temps pour que le
bafalte en état d'incandefcence & au
premier degré A, parvienne à l'état de
froideur M.

1836. En fuppofant donc que le bafalte fe refroidit d'un degré par heure,
& toujours dans la même proportion,
dans douze heures il fera parfaitement
froid, & fera paſſé du premier degré A
au douzieme degré M, comme il eſt
paſſé de l'inſtant 1 à l'inſtant 12.

XII.

1837. En difant, d'un autre côté, que les degrés de refroidiffement fe font d'une maniere réguliere comme je l'ai fuppofé, il arrivera que les molécules écartées dans l'état d'incandefcence, fe rapprocheront avec ordre & fans précipitation pendant le refroidiffement ; le bafalte fe condenfera ainfi peu-à-peu, & ne fera qu'un feul & même corps, comme le verre pur qui fe refroidit dans les fourneaux de recuite.

XIII.

1838. Mais fi au contraire le même Bafalte fondu coule fubitement fur un roc vif, froid, dans l'inftant fes molécules écartées par le feu fe rapprocheront. Surprifes par le feu, elles parviendront dans fix heures de temps feulement au douzième degré M de refroidiffement.

1839. La fubftance ne pourra plus alors, en fe refroiffant, fe confolider en un feul & même corps, parce que les degrés de refroidiffement qui ne devoient s'opérer dans fix

Q 4

heures que comme six se sont multipliés comme douze.

D'après ces observations, que je regarde comme de vrais principes dans la théorie de la chaleur, il paroît qu'on peut rendre raison de tous les phénomènes que présentent les Basalres.

CHAPITRE II.

Application des principes précédens aux différentes formes de la lave basaltique.

DIVISIONS DES COULÉES BASALTIQUES.

1840. LA lave basaltique coulant sur un terrein froid, ne peut se refroidir avec ordre & mesure dans toutes ses parties. Si elle coule au contraire dans un espace très-échauffé, les degrés de refroidissement sont gradués, parce que les parties les plus éloignées commencent à se refroidir. Après celles-ci le refroidissement se communique aux parties qui touchent immédiatement, & soutiennent la coulée de basalte ; cette coulée perd ainsi lentement sa chaleur incandescente.

1841. Alors toutes les parties de la coulée se refroidissent dans le même temps ; rien n'est précipité, les degrés de refroidissemens sont en raison du

temps employé : de toutes parts fe forment des centres de retrait également
diftans entre eux, & ces centres de retrait ne font que des mouvemens inteftins occafionnés par les forces de contraction de toutes les parties qui fe fen-
dillent, fe gerfent, fe coupent de part
en part parce que le bafalte n'eft point
malléable comme les métaux, ni doué
de molécules élementaires, douces, ou
flexibles.

1842. Or il eft évident que ces décré-
pitations intérieures n'arrivent jamais pen-
dans l'état de fufion : alors la lave ne
peut éprouver de telles fciffures : les
métaux fondus ne peuvent fe caffer ; la
lave paffant au contraire de l'état d'une
grande chaleur à l'état de refroidiffement,
peut alors éprouver les difruptions dans
les diverfes parties de fa maffe ; l'eau ne
fe caffe pas ; mais la glace fe caffe.

1843. C'eft donc vers les approches
d'un parfait refroiffement que le bafalte
éprouva cette retraite : M. Faujas a trouvé
deux bafaltes voifins, qui ayant eu pendant leur décrépitation un noyau de gra-

nit entre leurs parties, ont déterminé les deux bafaltes à conferver chacun une portion de ce granit qui fe fendit en deux avec les bafaltes. Cette obfervation prouve la théorie précédente ; mais j'ai obfervé auffi des noyaux étrangers renfermés dans le bafalte qui ont écarté les fciffures. De-là les bafaltes boffus à noyau dans la boffe , & toutes les boffes latérales & correfpondantes qui fe propagent au loin comme je le dirai ci-après.

BASALTES PRISMATIQUES OU COLONNES BASALTIQUES.

Voyez tome II , planche 3 , page 80.

1844. Les colonnes bafaltiques juxtapofées dans une carriere font formées par des fciffures perpendiculaires. Or le poids de la coulée détermine la matiere à fe fendre d'une maniere perpendiculaire plutôt qu'horifontale , parce qu'il s'oppofe au foulevement fimultané d'une coulée immenfe de laves très-compactes, on conçoit qu'il faudroit des forces énormes & qui n'exiſtent pas dans la Nature pour fendre une coulée de baſalte d'une extrémité à l'autre, ſouvent d'une longueur de demi-lieue, & quelquefois d'une ou de deux lieues; tandis que les fentes verticales ne ſont tout au plus que de deux cents pieds. On trouve cependant quelquefois des retraits en couches ſuperpoſées.

1845. On peut demander ici d'où vient la régularité des colonnes, leur reſſemblance, &c.; mais toutes ces queſtions trouvent leur ſolution dans le ſeul aſpect des lieux qui, lorſqu'ils ſont horiſontaux, préſentent toujours de belles colonnes dont la direction verticale coupe à angles droits ce ſol fondamental. Dans ce cas les degrés de refroidiſſement du baſalte s'opérent d'une maniere graduée, de telle ſorte que, dans tous les eſpaces horiſontaux ſur leſquels s'eſt moulé le baſalte, les degrés de refroidiſſement avancent & ſe multiplient avec le même ordre & dans le même nombre; alors les temps des refroidiſſemens & les degrés ſont entre eux dans une exacte proportion.

1846. Ces vérités, qui n'ont pour base que des notions de physique averées, expliquent encore clairement pourquoi les colonnes ont plus de diametre lorsque la table de basalte est plus épaisse ; & au contraire, pourquoi ces colonnes sont déliées & minces lorsque la table ou la carriere n'a que dix à douze pieds d'épaisseur.

En effet, lorsque la coulée de basalte fondu est très-peu épaisse, les degrés de refroidissement sont très-précipités, cette précipitation occasionne la multiplicité des centres de retrait, & exige nécessairement un nombre de colonnes égal à celui de ces centres de contraction.

1847. Tandis que dans une coulée horisontale de basalte, épaisse de cent pieds, les degrés de refroidissement se font d'une maniere plus lente, les centres de retrait sont plus rares, & la grande masse à diviser offrant une plus grande résistance à la force de division, les colonnes sont plus rares, & nécessairement plus épaisses.

1848. De ces observations on doit conclure, 1°. que le basalte sortant des concavités volcaniques embrasées, & s'étendant sur un sol extérieur froid, doit être saisi subitement & se gerser; 2°. que ses gerçures ou ses fentes doivent être régulieres dans un sol horisontal & homogène; or j'ai souvent observé qu'une coulée basaltique s'étant moulée sur une roche platte & horisontale de granit, cette roche vive avoit rendu les divisions de basaltes plus fréquentes que les fondemens sablonneux; 3°. que plus la coulée horisontale est épaisse, moins les colonnes sont déliées, & *vice versâ*.

BASALTES BOSSUS.

Voyez tome II, planche 1, fig. 12.

1849. Ces vérités nous conduisent à la théorie des basaltes bossus. Ces basaltes contiennent ordinairement un corps étranger, un gros caillou pour noyau de la bosse : ce noyau, par le renflement qu'il occasionne, étrangle les basaltes voisins, les contourne en divers sens, leur donne une forme distorte &

peu agréable. En effet, comme la lave
s'étendoit tout le long du vallon, elle
enveloppa & entraîna ces pierres mouvantes; alors elle fit une perte confidérable de chaleur que les cailloux s'ap-
proprierent: les fentes accélerées, comme
les degrés de refroidissement, dérangerent
l'économie des colonnes juxtaposées, de
telle sorte que les renflemens ou les bof-
ses se propagerent à droite & à gauche
jusqu'à cent pas au-delà de la boffe maî-
tresse. J'ai souvent observé l'intérieur de
ces basaltes qui avoient ainsi dérangé tout
le voisinage.

BASALTES DIVISÉS CONFUSÉMENT.

1850. Pour la division géométrique
du basalte il est requis une forme
géométrique & horisontale dans le sol
fondamental. Nous avons vû que ces
formes permettant une déperdition de
chaleur graduée & réguliere, il devoit
en résulter des retraits géométriques réguliers & gradués.

1851. Pour avoir des basaltes confusément divisés, il faut au contraire un

fol fondamental irrégulier hériffé d'afpérités, de finuofités, de maffes de roches
antérieures à la fufion : alors leurs degrés de refroidiffemens fucceffifs n'étant
pas égaux dans le même efpace de temps,
le retrait des parties ne fe fait pas d'une
maniere fimultanée.

On ne peut fe laffer d'admirer, en Vivarais, les phénomènes occafionnés par
la préfence de quelque maffe hétéro-
gène. Une roche de granit affife fur le
fol fondamental d'une colonnade de bafaltes vient déranger très-fouvent les
plus majeftueux édifices volcaniques ; fi
on veut même parcourir ces belles élevations bafaltiques jufques à leur extrémité
latérale circonfcrite, par l'élévation de la
montagne qui arrête les coulées de bafalte, on trouve que ces montagnes
en dérangent, par leurs finuofités, toute
la géométrie : les colonnes s'effacent
& difparoiffent peu-à-peu, des blocs &
des maffes informes de bafaltes, prennent la place de la belle architecture volcanique du voifinage. Tout eft dans le
défordre & la confufion.

1852.

1852. Ces divisions ainsi confusément ordonnées, ces divers centres non correspondans de retrait sont occasionnés par la multiplicité des surfaces à divers degrés d'inclinaison présentées par les corps froids fondamentaux au basalte supérieur incandescent. Cette multiplicité de surfaces froides appliquées au basalte fondu, & qui se mouloit sur tous ces types, occasionnoit des degrés de refroidissement précipités & non simultanés; tantôt il se faisoit une perte de chaleur que la masse froide s'approprioit, tantôt il se faisoit dans les lieux voisins des refroidissemens plus lents: il n'existoit par conséquent nul ordre, nulle correspondance, ni dans la distribution du feu dans l'acte du refroidissement, ni dans l'ordre des temps employés; une décrépitation informe en fut donc le résultat. De-là ces masses irrégulières, ces blocs unis à d'autres blocs où regnent une confusion & un désordre général. De-là ces basaltes de forme indéfinie, composés de parties saillantes, enfoncées, minces, épaisses, obtuses, tranchantes, carrées, aiguës, &c. &c.

Tome IV.   R

L'anticipation des degrés de refroidissement dans une partie, & le retard dans
la partie voisine sont donc les seules cau-
ses de ces irrégularités.

VOUTES NATURELLES DE BASALTES.

Voyez tome II, planche 2, pag. 71 & suiv.

1853. Nous avons en Vivarais plusieurs voûtes très-régulieres formées par
des blocs de basaltes, aussi géométriques
que ceux qu'on emploie dans la maçon-
nerie pour les voûtes de nos maisons;
tous ces édifices magnifices présentent le
spectacle le plus frappant & le plus admirable. On ne se lasse point de comparer, de mesurer, d'étudier ces pierres
qui forment de telles voûtes naturelles:
toutes ces pierres sont séparées entr'elles
par des lignes convergentes vers le centre de l'arc de la voûte, d'où dépend la
grande solidité de ces monumens antiques qui depuis tant de milliers d'années
supportent des montagnes supérieures &
des coulées de basalte.

1854. Pour avoir une idée claire de la formation de ces voûtes, il faut combler idéalement les concavités aujourd'hui affaissées & vides, qui, à l'époque de la fusion des laves basaltes, présenterent à cette substance fluide un monticule convexe, une bosse réguliere semblable au moule inférieur d'une cloche sur lequel le métal fondu se modifie & reçoit sa forme intérieure.

1855. Ce n'est point là, au reste, une supposition dénuée de fondement : nous avons en Vivarais plusieurs voûtes semblables, non caverneuses parce que le terrein n'a point été encore affaissé, ou parce que les hommes n'ont pas creusé ces fondemens saillans & sphériques de la lave qui se moula sur eux.

1856. Les degrés de refroidissement dûrent alors se faire dans des temps égaux, sans précipitation & par degrés nuancés; car on conçoit que le sol fondamental se présentant en forme de demi-sphère, ne put absorber une plus grande quantité de feu dans une de ses parties plutôt que dans une autre, la déperdition du feu de la lave incandefcente fe fit ainfi par parties égales & dans les mêmes temps dans toutes les parties du fondement primitif. Les centres de retrait fe placerent donc, 1°. à des diftances égales entre eux, à caufe de la déperdition géométriquement graduée de la chaleur. 2°. Ces centres de retrait fe difposerent en demi fphère à caufe de la forme demi fphérique du fol fondamental qui en fut le moule. 3°. Ces centres de retrait formerent des pierres de voûtes femblables à celles de nos voûtes artificielles, parce que ces centres de retrait ayant été féparés d'abord mutuellement vers leur bafe par le contact froid du fol fondamental, ces premieres gerçures ou ces fentes dûrent fe propager au loin à caufe du refroidiffement général de toute la maffe fupérieure bafaltique. 4°. Les centres de retrait occafionnerent donc des fciffures dans un fens divergent du centre à l'extérieur, lefquelles s'éloignerent enfemble du centre des arcs de la voûte volcanique. La main de l'homme n'eut jamais ordonné des édifices plus réguliers

ni plus folides, & il ne peut exifter d'autres principes pour expliquer cette im-
pofante géometrie.

BASALTES A LARMES BATAVIQUES.

Voyez tome II, planche 1, figure 10,
& page 52.

1857. Il exifte dans les environs d'Antraigues en Vivarais des bafaltes qui paroiffent très-compactes ; leurs plans font
très-réguliers ; ils font bien ajuftés les
uns aux autres, de forte que ces bafaltes
trompeurs font couverts chacun d'une
croûte folide en apparence.

Mais fi l'on s'avife de détacher un morceau de ces bafaltes, tout s'écroule dans
l'inftant avec un fracas le plus horrible.

1858. Voilà en grand des fubftances
qui obéiffent à toutes les loix qui forment
& qui détruifent la larme batavique.

Ces bafaltes ayant coulé dans des vallées creufées par les rivieres, & s'étant
modulés fur des atterriffemens, furent
furpris pendant la fufion, peut-être par
quelques filets d'eau de fontaine : on

prouve ce fait par la préfence même des fables, de cailloux roulés & polis par les eaux des rivieres, fitués fous les couches de bafalte dans les vallons. Ces obfervations annoncent, je crois, que les eaux pluviales qui coulent encore dans les mêmes lits verfant fur la lave incandefcente, ou bien l'eau des fontaines foureines jailliffant fous cette lave, firent précipiter rapidement les degrés de refroidiffement. Cette précipitation dérangea néceffairement les degrés & les nuances d'où réfultent l'harmonie des colonnades.

Pour donner à ces bafaltes une théorie fondée fur l'expérience & fur une phyfique raifonnable, il faut donc croire que toute la coulée bafaltique ayant déja reçu des formes prifmatiques régulières, il fe trouva dans le voifinage des bafaltes à larmes bataviques, un fol fondamental qui s'appropria la chaleur de la lave plus preftement que les autres: il eft certain que c'eft à une caufe circonfcrite & locale qu'il faut attribuer cet accident de la lave; car toute la coulée prifmatifée n'eft pas ainſi configurée ; quelques baſaltes ſeulement ont éprouvé cette action ; les baſaltes du voiſinage y participent peu ; de ſorte qu'on paſſe inſenſiblement des baſaltes, vifs, compactes & ſolides vers ces baſaltes pourris qui n'ont aucune cohérence dans leur architecture, qui s'écroulent, qui ſe précipitent en petites pieces ſemblables à des noix ou à des avelines.

Il faut donc croire que pendant le retrait en forme priſmatique, ces baſaltes très-chauds furent ſoumis encore à l'action d'un *refroidiſſant* particulier, qui, outre la configuration priſmatique, exigea des retraits ſecondaires & ſubalternes. J'ai vu à Antraigues un tas de mortier deſſéché, pendant un temps très-humide, en grands carrés & en grands loſanges, reſter ainſi diviſé pendant tout le temps pluvieux : j'ai vu ſuccéder à cette température un temps clair, & cet amas horiſontal expoſé au ſoleil ayant éprouvé l'action d'un ſeconde cauſe de retrait, ces grandes diviſions ſe ſubdiviſerent dans moins de trois heures en petits carrés, loſanges, trapezes, &c. après

R 4

avoir resté plusieurs jours divisés en grandes masses seulement.

Les phénomènes occasionnés par la
perte de chaleur dans les laves, s'observent encore dans les substances boueuses
par la déperdition de l'eau.

BASALTES ARTICULÉS ET COUPÉS.

Voyez tome II, planche I, fig. 9, pag. 47.

1859. Outre les divisions perpendiculaires des colonnes de basalte, il se trouve
plusieurs carrieres où ces colonnes sont
coupées en tronçons articulés & en tronçons bruts sans articulation.

1860. Les tronçons articulés présentent d'un côté une surface convexe polie
qui rentre dans la surface concave du
tronçon voisin.

1861. Les tronçons bruts, au lieu d'être
articulés d'une maniere concave & convexe, sont coupés horisontalement sans
enfoncement ni partie convexe, & les
cassures sont brutes.

1862. Lorsque le basalte étoit déja
divisé en colonnes, il étoit encore dans

un état de chaleur, puifque s'il eût été abfolument froid, il ne fe fût pas formé en colonnes polies pour obéir aux loix de retrait.

1863. Mais quoique divifé en colonnes, on conçoit néanmoins que cette colonne n'étant qu'une maffe verticale, fes molécules conftituantes difpofées d'un bout à l'autre, ne s'étoient rapprochées par les loix de retrait qu'en fens horifontal; les molécules de la colonne ainfi formée avoient donc befoin de fe rapprocher encore en fens vertical; il y eut donc tout le long de la colonne plufieurs centres de retrait qui la diviferent en tronçons.

1864. Or le premier de ces tronçons a dû fe couper pendant le retrait en bloc convexe, parce que les centres de retrait ont tous des bornes placées à l'entour de ce centre : ils forment ainfi une efpece de globe d'où réfulte la convexité.

1865. Ces convexités font quelquefois occafionnées auffi par des noyaux qui fe trouvent au centre. Ces noyaux ayant détruit l'économie & l'égale diffémination du fluide igné dans la lave basalte, cette lave se *refroidit & se retire* en forme de sphère à l'entour du corps étranger.

1866. Enfin les divisions brutes & non articulées sont formées par la derniere période de retrait, & à l'époque où le basalte est presque entierement refroidi. Alors la matiere trop éloignée de l'état d'incandescence se coupe, & ces faces séparées montrent des inégalités & des aspérités qui ne se trouvent pas dans les premieres divisions qui avoient eu lieu dès le commencement. Semblables aux divisions du verre, celles qui se forment lorsque le verre est encore chaud sont polies, non tranchantes, sans pointes aiguës; & au contraire, les coupures de verre froid sont tranchantes, hérissées de pointes, &c.

BASALTES A COUCHES CONCENTRIQUES.

*Voyez tome II , planche 1 , figure 11,
& page 55.*

1867. Ces basaltes singuliers méritent
l'attention du Chymiste, du Physicien,
du Naturaliste : j'ai décrit dans mon second volume le mécanisme de ses couches concentriques. Ayant vu dans un
voyage de Velay à Costoros dans une
roche de basaltes une semblable configuration, je fis séparer toutes les parties
qui étoient juxtaposées comme le Cha-
pellier joint plusieurs chapeaux les uns
dans les autres. Je découvris enfin un
gros noyau de granit au milieu de ces
demi, quart, ou tiers de sphères, dont la
forme combinée ne présente pas mal celle
d'une rose.

1868. Pour expliquer cette merveil-
leuse contexture, & le système d'une
telle organisation dans le sein même des
coulées basaltiques (car je n'en ai jamais
trouvé hors de la carriere), il faut se
représenter la situation de deux corps

hétérogènes ; du granit contenu & du bafalte contenant : il faut fe rappeler qu'ils
font l'un & l'autre d'inégale denfité,
qu'expofés l'un & l'autre à un degré de
feu véhément, ils acquierent des aug-
mentations inégales de volume ; que leurs
loix privées de retrait ne font point les
mêmes ; que la lave, à caufe de fon
homogénéité, fe diftend d'une maniere
égale dans toutes fes parties, & que le
granit compofé de matieres hétérogènes
fubit des retraits foumis à la variété de
fes parties conftituantes. D'après ces vérités, il paroît que la lave bafaltique
ayant enfeveli dans fon fein un noyau
granitique, lui communiqua fon incandefcence ; alors le bloc étranger, entouré de feu, fe dilata comme toutes les
matieres qu'on échauffe chacune felon
fon efpece, la lave bafaltique fluide obéit
à cette dilatation intérieure.

1869. Cependant les parties extérieures du bafalte fe refroidirent. Alors elles
fe condenferent, elles éprouverent des
retraits, leurs parties intérieures fe refroidiffant auffi, fubirent, à leur tour,

de femblables retraits ; mais ces retraits differerent des précédens à caufe du noyau granitique qui s'oppofa aux divifions longitudinales, ne pouvant lui-même, à caufe de fa différente denfité, éprouver des fciffures femblables : les coupures bafaltiques ne pouvant fracturer le granit, *devierent* autour de fa maffe, elles fe couperent en demi-fphères, en quart de fphères, en tiers de fphères, & la matiere du voifinage fe refroidiffant toujours en proportion, fe modula comme les précédentes dans fes retraits, & forma des demi-fphères concavo-convexes juxtapofées comme plufieurs chapeaux chez le marchand. L'inégale denfité, & par conféquent les retraits inégaux, font donc la feule & vraie caufe de ces magnifiques phénomènes bafaltiques dont la théorie tient aux principes de la phyfique la plus faine.

1870. Les mêmes principes ont fervi à expliquer la formation des bafaltes boffus, dont les coudes & les finuofités fe propagent au loin. Ici les noyaux étran-

gers contenus ont écarté de leur centre
les prifmes bafaltiques.

1871. D'autres fois le bafalte environne de petits noyaux fans éprouver des
dérangemens dans fes formes prifmatifées.

1872. Enfin j'ai vu le bafalte fe bour-
fouffler autour d'un noyau granitique,
& j'ai vu ce granit fondu avec lui rece-
voir dans fes fentes des filets bafaltiques;
ici le bafalte fe bourfouffle au lieu d'é-
prouver des fciffures de retrait ; & le
granit contenu fe fond & s'identifie avec
lui ; enfin (& cette remarque démontre
l'origine fondue & non fangeufe de bafalte) ce granit eft vitrifié, luifant & vitreux dans les efpaces où le bafalte bour-
foufflé ne le touche pas immédiatement.
J'ai confervé un échantillon de ces deux
fubftances, c'eft la piece juftificative de
ces phénomènes.

1873. Ces obfervations démontrent
donc que la lave bafaltique s'étant ap-
propriée dans fa marche des granits, les
a laiffés intactes; qu'elle a fouffert feule-

ment des variations dans la direction de
fes retraits occafionnées par la préfence
de ces corps étrangers ; mais qu'elle a
fondu, vitrifié, & qu'elle s'eft bourfoufflée
auprès des granits qu'elle a élaborés plus
long-temps dans fes concavités fouterreines.

BASALTES EN SPIRALE.

Tome II, planche 1, fig. 13, & page 84.

1874. Nous avons décrit (de 731 à
735) la forme de ces divifions auffi fin-
gulieres que les précédentes ; nous en
expliquons les caufes par les mêmes principes ; dans les noyaux granitiques à couches fphériques le refroidiffement s'étoit
fait avec trop de précipitation pour que
ces couches fuffent des fphères parfaites &
concentriques ; ici les degrés de refroidiffement au contraire fe font opérés
lentement & d'une maniere réguliere,
les retraits ont donc été correfpondans
& fimultanés. Alors il s'eft formé une
premiere difruption dans le bafalte environnant qui s'eft propagée à l'entour
du noyau granitique renfermé dans le

baſalte central A : la formation d'un cercle extérieur a commencé l'ouvrage : à meſure que les refroidiſſemens ont continué, la matiere a éprouvé la diſruption inteſtine qui s'eſt toujours propagée vers A en l'environnant; ces cercles en ſpirale ont éprouvé même des ſections ſubalternes en B, B, en ſe refroidiſſant davantage, afin d'établir un équilibre dans les ſciſſures , & de les multiplier par-tout uniformement.

BASALTES CUNEIFORMES.

Planche 1 , fig. 6 , tome II. pag. 45.

1875. Pour former des baſaltes cuneiformes, il ſuffit que la lave n'ait pas eu des centres de retraits également diſtans les uns des autres. On ſait que j'appelle centre de retrait le centre d'un baſalte vers lequel la matiere de ce baſalte ſe rapproche en ſe refroidiſſant. Il ſuffit donc qu'une partie de la lave ſe ſoit plus refroidie d'un côté que d'un autre, c'eſt-à-dire , que le ſol fondamental tantôt caillouté , tantôt ſablonneux & tantôt de

roche

roche vive, ait abforbé plus de chaleur
dans un efpace que dans un autre pour
que ces centres n'aient point été fitués à
des diftances égales entr'eux. Ainfi, en
en fuppofant que dans une toife cubique
il y ait eu dix centres de retrait vers la
furface fupérieure, tandis que dans la
furface fondamentale il y en a eu douze; il
fera arrivé néceffairement que dans cette
toife carrée il y aura fupérieurement dix
colonnes bafaltiques parfaites, & douze
inférieurement: parmi ces dernieres deux
feront cunéiformes, n'ayant pu s'avancer
commes les autres vers le fommet, faute
d'efpace occupé par les autres qui, au
nombre de dix, tiennent un local égal
à dix, tandis que les inférieures, au nombre de douze, occupent un efpace égal
à dix : il doit donc fe trouver dans les
dernieres deux colonnes cunéiformes ou
piramidales qui finiffent en angle très-
aigu vers le centre de la coulée bafaltique.

1876. Toutes ces obfervations, ces
vérités phyfiques, ces raifonnemens dé-
montrant que le bafalte fut une lave

Tom. IV.   S

fondue & non point une lave boueufe, expliquent pourquoi le bafalte environnant un noyau de granit, a pu fe bourfoufler autour, comme la lave fpongieufe ; pourquoi le granit eft quelquefois environné d'iris concentriques ; pourquoi l'eau des lits des rivieres comblées par la lave peut, refter quelquefois en petite quantité dans des vides bafaltiques ; pourquoi cette lave bafaltique qu'on peut refondre dans nos fourneaux décrépite en refroidiffant comme la même lave fondue par les volcans ; pourquoi le noyau granitique trouvé entre deux bafaltes s'eft quelquefois fracturé, circonftance rare, mais obfervée par M. de Faujas ; pourquoi enfin les courans bafaltiques confidérables refondent les coulées inférieures plus anciennes & fondamentales : cette obfervation exige un chapitre particulier ; car fi nous attribuons la caufe des prifmes à des refroidiffemens réguliers, nous croyons, d'un autre côté, que cette retraite a été opérée dans les courans enfevelis & refondus par des courans fupérieurs, &

nous prouverons notre fentiment par les
obfervations faites fur les coulées ardentes du Véfuve & de l'Etna, par celles que
nous avons faites fur les anciennes coulées
de nos volcans éteints, & ne pouvant
confirmer notre fyftème par les raifonnemens d'aucun obfervateur de ces volcans éteints, qui n'ont rien écrit encore
fur la théorie des différentes formes
prifmatiques, nous prouverons notre fyftème par les deffins même de ces coulées
fuperpofées.

Ainfi, quoique nous ayons dit jufqu'à
préfent que la lave coulant fur un fol
froid décrépita & fe configura en prifmes (n'ayant pu donner le chapitre fuivant qu'après toutes les obfervations qui
le précedent), il faut entendre que c'eft
par l'action d'une coulée fupérieure qui
refond les laves antérieures felon l'ordre de temps & inférieures en pofition,
qu'elle rencontre dans fa marche : ce qui
nous refte à prouver.

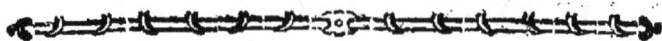

CHAPITRE III.

La configuration soit géométrique, soit irréguliere des basaltes est l'ouvrage de leur refonte hors du laboratoire des volcans. Le P. Della Torre, & M. le Chevalier Hamilton ont vu des courans de lave mettre en fusion, par le seul contact immédiat des parties, des substances fusibles environnantes. Phénomènes de la lave incandescente dans sa marche. Couche extérieure refroidie par l'air, par le contact du sol fondamental. Couche solide & couche fluide dans une coulée de laves. Couche immobile & couche ambulante dans une coulée. La lave ainsi modifiée ne peut se convertir en prismes. Les seules coulées antérieures, fondamentales, refondues par des courans ambulans supérieurs sont prismatisées pendant le refroidissement.

1877. Nous ne prouverons point ici la possibilité de la fonte des corps fusi-

blés par l'action d'un courant de laves
supérieures ; M. le Chevalier Hamilton
& le P. Della Torre , ces infatigables
observateurs des feux & des coulées du
Véfuve, ont apperçu cette fufion. C'est
donc un fait avéré, incontestable.

J'ai souvent observé (835 , 838, 839,
&c.) que ces courans de laves supérieures avoient singuliérement modifié des
courans plus anciens fondamentaux par
une refonte : il est évident qu'une immense coulée doit agir puissamment par
sa charge énorme & par son incandescence sur le sol fondamental : il est évident encore que cette action est incomparablement plus énergique lorsque la
coulée traverse le sol comme un torrent:
alors le fleuve de feu doué par-tout du
même degré d'incandescence , avant de
se refroidir, applique à ce sol une chaleur énorme toujours semblable : une
nouvelle masse entraînée, également fluide, également incandescente , repete la
même action : tant que le fleuve fondu
coule, la même partie du sol éprouve

S 3

l'action véhémente également continuée du feu ambulant.

1878. Les refroidiffemens arrivent, & font occafionnés par le contact de l'air atmofphérique, qui, en fe renouvellant à chaque inftant, emporte la chaleur; alors une croûte extérieure couvre la lave comme la croûte de pain couvre la pâte intérieurement fluide : dès-lors la lave coulante n'eft plus entierement fluide, & il fe fait une voûte immobile appuyée latéralement fur le fol fonda-mental.

1879. A cette circonftance on diftin-gue deux parties dans la lave, la partie folide ou la croûte *contenante*, & la par-tie fluide, ou la lave intermédiaire *con-tenue*. La premiere eft immobile, la fe-conde continue fon cours intérieure-ment, comme l'eau des rivieres coule fous la glace.

1880. Or je demande fi ces phénomè-nes peuvent permettre des retraits prif-matiques du fond au fommet de la coulée.

On a obfervé, au contraire, que la

croûte folide eft remarquable par fes anfractuofités, fes bourfouflures, fon combat avec l'air froid atmofphérique: on a vu cette matiere fe tourmenter, fe diftordre, fe contourner en mille fens divers indéfiniffables à caufe de l'irrégularité des refroidiffemens & du contact fubit d'un air qui abforbe la chaleur, qui ordonne des retraits précipités fans harmonie & fans correfpondance réciproque.

1881. Cependant la matiere incandefcente & fluide fe repofe bientôt fur elle-même, elle fe nivelle, elle fe refroidit peu-à-peu & à la longue, elle devient une maffe terreftre inerte & paffive, elle a acquis à la vérité des retraits, des fciffures, des difruptions, mais non point une criftallifation prifmatique géométrique; car la différence des refroidiffemens, leur précipitation d'un côté, & leur lenteur de l'autre, ont empêché cette économie & cette correfpondance dans les fciffures.

1882. Si dans cette circonftance il fe fait une nouvelle éruption, le volcan fuperpofe fes laves ardentes fur les pré-

S 4

cédentes si elles sont refroidies...... Si
elles sont encore liquides, l'affinité &
l'équilibre de chaleur fait pénétrer quelquefois la nouvelle lave brûlante sous
la précédente, & elle coule au-dessous
à cause de leur mutuelle analogie ; car on
a observé que la lave refuse de se copuler avec un mur froid : elle l'entoure,
l'échauffe, & se joint ensuite à lui, comme
l'a observé le P. Della Torre.

Mais si la lave inférieure est solide,
le courant supérieur en position, & postérieur dans l'ordre chronologique, agit
par sa charge & par son incandescence
sur la lave, & la refond en tout ou en
partie.

DE LA FORMATION DES PRISMES.

1883. Or c'est à cette seconde refonte,
c'est au refroidissement lent, insensible,
également mesuré pendant tout le temps
nécessaire à l'action, que j'attribue la formation de toutes nos coulées prismatisées.
Ces coulées avoient pu acquérir peut-
être dans le premier refroidissement des

retraits, mais ils n'avoient pû être aussi
réguliers.

1884. Diverses observations locales
m'ont conduit à cette vérité : j'ai vu les
laves de plusieurs volcans versées dans des
vallées séparées qui se réunissent. Dans
chaque vallée le courant est unique ; mais
lorsque les deux vallées se joignent, les
laves se superposent. Alors la coulée inférieure est prismatisée, & la supérieure
ne l'est jamais.

1885. Je puis, pour donner à cette
vérité le degré de probabilité dont elle
est susceptible, exposer ici les planches
de plusieurs coulées qu'on trouve dans
l'ouvrage de M. Faujas de Saint-Fond :
j'ai vu l'original de toutes celles dont je
vais parler, & je certifie qu'elles sont
très-fideles ; la coulée du pont de Bridou
est même si frappante qu'on ne peut assez
admirer le talent de l'Artiste : j'ai quelque droit sans doute à juger de la sorte ;
j'ai passé plus de mille fois sur ce pont
situé dans la paroisse d'Antraigues lieu de
ma résidence lorsque j'écrivois l'Histoire
des volcans du Vivarais, & que je diri-

geois mes pas vers ces objets fi curieux.

Voyez dans l'ouvrage de M. Faujas la planche intitulée *Pavé des Géans de Chenavari*. On y trouve la coulée bafaltique inférieure admirablement prifmatifée, & au-deffus des courans de lave non prifmatique que les eaux courantes ont entraînées en partie, & qu'elles détruifent encore.

Cette vérité eft exprimée d'une maniere plus frappante dans la roche de Maillas : on y voit les prifmes de la coulée inférieure, la charge d'un courant fupérieur, dont les retraits ne font point prifmatiques.

La planche VII, page 286, annonce encore cette vérité. Obfervez foigneufement la figure I & l'énorme quantité de lave fupérieure non prifmatique.

La figure IX, page 294, confirme les mêmes vérités, la lave du haut de la montagne n'eft point criftallifée d'une maniere auffi réguliere.

La planche double XI, page 300, fuffiroit pour établir ce fentiment. Voyez quelle coulée informe fuccede à la couehe inférieure, merveilleufe dans fes divifions prifmatiques.

La planche XII annonce le mêmes faits, page 312.

On peut objecter qu'il eft des coulées telles que le Pavé des Géans de la planche VIII, page 292, & des pics tels que celui de Rochemaure, planche II, page 271, qui font prifmatifés fans être couverts d'une coulée. Je réponds que les eaux courantes ont entraîné les laves fupérieures ; que le lit creufé dans la lave prifmatifée du Pont de Bridon 292, démontre l'action deftructive des rivieres : on voit qu'elles ont coupé le courant de lave, qu'elles ont creufé encore dans la roche vive granitique & inférieure, qu'elles ont laiffé à droite & à gauche la coulée après avoir déblayé tout ce qui la couvroit, & qu'elles minent davantage les fondemens de la coulée dans ce courant de lave, comme dans les pics prifmatifés. On ne peut donc trouver les matieres fuperpofées ni les courans qui ont refondu la coulée inférieure.

1886. D'après ces obfervations on voit

que la lave inférieure, refondue & abandonnée au retrait de fes parties, eft foumife à l'action du fol fondamental feulement, qui fe refroidit plus ou moins en raifon de fes formes, & qui fe refroidit le premier & avant la furface fupérieure de la coulée dont la chaleur eft confervée par les courans fuperpofés.

1887. Lorfque le fol fondamental eft horifontal, les prifmes font verticaux à caufe de la déperdition exactement graduée de chaleur dans tous les efpaces & dans le même tempt. Lorfque le fol fondamental offre une boffe irréguliere, celle-ci dérange toutes les formes géométriques à caufe de l'irrégularité de la diftribution des centres de retrait & de la déperdition inégale de chaleur dont ces corps faillans font les conducteurs : lorfque ce fol eft en demi-fphère, en monticules, les refroidiffemens fe faifant d'une maniere convergente vers le centre du monticule, placent des centres de retrait convergens vers ce point ; de-là, la convergence des lignes de féparation des pierres de la voûte vers le centre des

arcs; & au contraire lorfque ce fol fondamental eft un fond de vallée en demi-
cercle, alors les refroidiffemens fe faifant
d'une maniere divergente, placent des
centres de retrait plus multipliés vers le
haut, & plus rares vers la bafe de la coulée; de-là, la divergence des directions
dans les fciffures bafaltiques, ces obfervations font exprimées dans la planche très-
exacte de la page 294 du Livre de M. de
Faujas. En obfervant le rempart bafaltique du milieu de la rivière, & en regardant
ce rempart vers le rivage, on voit des
colonnes verticales; au contraire, en
obfervant cette coulée appuyée fur la
rampe la montagne, on trouve que fes
prifmes coupent prefque à angles droits
le plan incliné.

1888. C'eft la démonftration de cette
vérité exprimée dans mon fecond volume; *les prifmes bafaltiques très-réguliers, obfervés dans les grandes coulées de
lave, affectent, lorfqu'il n'exifte aucun
obftacle, de couper à angles droits leur
plan fondamental.*

1889. Ainfi les prifmes font verticaux

lorfqu'ils font affis fur des plans horifontaux, & lorfqu'ils font appuyés fur une
montagne coupée à pic; ou dans un filon;
ils font eux-mêmes horifontaux, comme
je l'ai très-fouvent obfervé.

SUR

L'HISTOIRE

NATURELLE

DE LA MER

MÉDITÉRRANÉE,

Confidérée dans fa Géographie Phyfique,
dans la Minéralogie de fes montagnes
côtieres , dans fes Volcans éteints &
allumés.

SUR

Espagne

Volcans du Vivarais
Veley,
Languedoc

Suisse
Savoie

Volcans
du Rhin

Hongrie

Danube

Mer Noire

Turquie
Asiatique

Constantinople

MER

Volcans
Naples

MÉDITERRANÉE

Tripoli

Candie

Chypre

Jerusalem

CARTE PHYSIQUE
DE LA MÉDITERRANÉE.

Dressée par le Sr. Dupain-Triel fils, Ingénieur
Géographe du Roi.

d'après les ouvrages de Mr. l'Abbé Giraud-Soulavie.

Feu

SUR

L'HISTOIRE

NATURELLE

DE LA MER

MÉDITERRANÉE.

CHAPITRE PREMIER.

GÉOGRAPHIE PHYSIQUE DE LA CHAÎNE
DES MONTAGNES CÔTIÈRES QUI ENVI-
RONNENT LA MER MÉDITERRANÉE.

*Observations préliminaires. Remarques sur
la Géographie Physique. Cette science
est la base de l'Histoire Naturelle.* Com-
Tom. IV.   T

paraison de cette science à la nomenclature. Description de la chaîne qui ceint
la Méditerranée ; sa propagation du
midi vers le nord de l'Espagne. Sa plus
grande élévation en Espagne. Plaines
inférieures situées entre la chaîne & la
mer. Passage & vallée de l'Ebre. Les
Pyrénées, les Corbieres & les Causses.
Sur les côtes de la Provence. Direction
des vallées & des chaînes de montagnes
qui viennent aboutir dans le bassin de
la Méditerrannée. Direction opposée de
la vallée de la Durance. De la côte de
Gènes & des Appennins. Anostomose des
Appennins aux Alpes. Vallée du Pô.
Continuation de la chaîne côtiere de la
Méditerranée. Monts Appennins : leur
jonction aux montagnes du Tyrol de la
Carniole, &c. elles donnent des eaux
au Danube & à la Méditerranée. Géographie Physique de la Judée. Du Nil.
Des monts Atlas. Fin de la chaîne circulaire à Gibraltar. Résultats sur ces
Observations géographiques. Les eaux
pluviales, ni les eaux des fleuves, ni
les flots de la mer n'ont point creusé le

baſſin de la Méditerranée dans le ſein de la terre (*).

1890. A Y A N T rédigé les obſervations que j'ai faites au bord de la Méditerrannée, aux embouchures du Rhône, à Aigue-Mortes, à Cette, & tout le long de la côte occidentale, je reconnus dans cette belle contrée divers objets curieux & frappans; & ayant étudié tout ce que les Obſervateurs ont écrit ſur les côtes de la Méditerrannée & terres adjacentes, je fus confirmé dans la perſuaſion que l'Hiſtoire Naturelle eſt très - importante dans les régions côtieres de cette mer. Je fis donc toutes les recherches poſſibles ſur la Géographie Phyſique & ſur la Minéralogie des environs de la Méditerrannée, & comme les obſervations éparſes dans un grand nombre d'Ouvrages me donnerent des réſultats intéreſſans, & la plupart

---

(*) Pour l'intelligence de tout ce que je vais dire, je prie le Lecteur d'avoir ſous les yeux la Carte Phyſique de la Méditerrannée ci jointe, & une grande Carte de l'Europe.

T 2

nouveaux, j'ai cru devoir les expofer ici, & publier une Carte minéralogique de la Méditerranée, de fes côtes, environnantes, de fes prefqu'îles, de fes îles & de tous les objets connus qui peuvent intéreffer les Naturaliftes.

Je me perfuade que ce travail formera un Chapitre curieux dans la Géographie de la Nature, c'eft le réfultat des travaux & des voyages des Choifeuil-Gouffier, des la Lande, Guettard, Defmareft, Hamilton, Schaw, Ferber, Dietrich, Bowles, Genfanne, &c. dont on connoît les lumieres.

1891. La Géographie Phyfique eft la feule & véritable bafe de l'Hiftoire de la Nature ; elle montre la diftribution naturelle des êtres fur la furface du globe qui obéiffent tous à des loix remarquables dans leur pofition fur la terre; diftribution qui connoît fes lois & fes bornes comme la neige qui fe fixe & fe conferve dans nos montagnes élevées de quinze cents toifes fur le niveau de la mer.

1892. La Géographie Phyfique, d'ailleurs, peut feule éclairer les Naturaliftes dans la recherche des Chroniques du monde, depuis les premiers âges jufqu'à nos jours : elle feule peut nous dire pourquoi les trois regnes de la nature ont leurs diftricts, leurs climats & leur ordre régulier.

1893. J'appelle l'ordre régulier qu'obfervent les trois règnes de la nature, leurs départemens & leurs fites, leur place refpective qu'ils confervent fur la terre & dans les eaux. Si je confidere les climats glacés du nord, j'y vois dans l'efpèce humaine des individus abâtardis, des Samoyédes & des Groënlandois à tête groffe & de ftature baffe, qui fouffrent de la rigueur du climat : fi je paffe dans les climats tempérés, je trouve dans les habitans de l'Europe, de la Turquie & de la Grèce, &c. des formes plus régulieres. C'eft l'empire de la beauté & des proportions les plus avantageufes du corps ; c'eft le règne des arts & des fciences qui paroiffent circuler d'une extrémité à l'autre de cette contrée, dans tous les temps connus par l'hiftoire. Les races noires de l'efpece humaine fuccedent enfin dans

T 3

des climats & fous des paralleles plus chauds : une laine crépue diftingue ces peuples des Groënlandois à cheveux rudes & liffés ; une peau huileufe, une couleur noire femblent les féparer de ceux-ci & de ceux des zônes tempérées.

1894. L'ordre végétal offre des départemens analogues. Les loix qui établiffent ces départemens font d'autant plus efficaces fur ces efpeces d'êtres organifés, que, privés du mouvement fpontané, leurs races habitent exclufivement un tel département défigné ; ainfi les fommets des montagnes font peuplés de plantes alpines, & les régions les plus méridionales de la France nouriffent exclufivement le citron & l'orange.

1895. L'ordre minéral poffede encore fes domaines. Les pics chauves & arides de granit femblent *prefque toujours* relégués fur le fommet des plus hautes montagnes ; les mines riches s'exploitent exclufivement fur ces antiques élévations; les fchiftes, les grès, les ferpentines, les roches de corne, ont une contrée féparée, & la matiere calcaire, ouvrage de l'eau abandonnée par les mers, paroît aussi avec des limites.

1896. Voilà donc dans la nature des départemens distincts, des especes de provinces naturelles dont les bornes ont été posées par la nature même, comme dans l'ordre moral un gouvernement a été séparé de son voisin.

1897. Confondre ces sites & les productions naturelles des climats, c'est oublier la marche de la nature, & cet ordre majestueux & sublime qu'elle semble s'être prescrit dans la formation lente & successive des substances granitiques, métalliques, calcaires & volcanisées; c'est méconnoître les lois qui distribuent les familles des plantes, qui placent le citronnier aux bords de la Méditerranée en Provence, & l'*uva-urci* & autres plantes alpines sur les sommets des Alpes, & sur les montagnes élevées de même niveau. Tous ceux qui veulent traiter de l'Histoire naturelle, doivent donc poser pour fondement de leurs ouvrages une géographie physique, seule méthode naturelle & nécessaire dans cette science.

1898. Les Nomenclateurs, il eſt vrai,
ont long-temps retardé les progrès qu'on
pouvoit faire dans la ſcience de la Géographie naturelle ; environnés de mille
échantillons divers de minéraux, de col-
lections de plantes mortes, de ſqueletes
foſſiles, leur génie n'a ſaiſi que les apparences extérieures de ces petits échantillons : imaginer des claſſes nouvelles,
des diviſions & des ſubdiviſions relatives
à ces petites formes extérieures, voilà
quels ont été leurs efforts & quel a été le
fruit de leur méditation : bientôt, fati-
gués de tant de variétés, de tant de no-
menclatures, ils ne ſe ſont pas même trouvés d'accord entre eux ſur la définition
des mêmes ſubſtances. J'ai préſenté autrefois à pluſieurs Savans de cette claſſe
des pierres dont la nature étoit difficile à
déterminer & dont j'avois décrit dans mes
manuſcrits la ſuperpoſition relative, &
la ſituation dans nos montagnes : la même
pierre reçut des quatre Nomenclateurs
quatre noms différens; deſorte que j'ai eu
le déplaiſir de voir mon travail inùtile, ne
voulant me hazarder à prendre aucun

parti., ni à attribuer à une telle subſtance des deſcriptions & une hiſtoire qui peut appartenir à une autre. La Minéralogie eſt trop enveloppée encore de faits mal obſervés & de définitions arbitraires ; elle eſt traitée par un trop grand nombre d'Ecrivains prévenus de ſyſtêmes pour multiplier les erreurs, ou pour s'expoſer à les multiplier encore.

On pourroit croire que je traite avec trop peu de ménagement les Nomencla-teurs en Hiſtoire naturelle, ſi je n'avois pas toujours avoué les avantages qu'ils procurent à la République des Letttes ; ils conſervent les noms ; ils font connoître les formes ; ils initient les nouveaux venus dans la connoiſſance de la nature qu'on doit étudier d'abord dans leurs Ouvrages : heureux s'ils étoient d'accord entre eux ſur le même objet ! Ils aident nos facultés intellectuelles, nos ſens & la mémoire, en diviſant & ſubdiviſant des échantillons; mais il y a auſſi loin de ces molécules aux magnifiques monumens élevés dans les régions montagneuſes par la nature même, qu'il y a loin du catalogue du Nomen-

clateur à un Ouvrage d'Histoire naturelle.
Je trouve même que l'esprit du Nomenclateur est d'ailleurs perpétuellement re-
traici par ses échantillons : sort-il de son
cabinet & pénetre-t-il dans de sombres
forêts ou à travers des montagnes arides,
il distingue, non le site naturel des substances, mais leur place factice & arbi-
traire dans son cabinet; il sait déjà quel
échantillon doit reculer pour faire place
au nouveau venu; le Nomenclateur
oblige toujours la nature à suivre le sys-
tême de son cabinet.

L'homme de génie, au contraire, pour
qui la nomenclature n'est rien, compare
les substances dans leur situation respec-
tive; il étudie leur altération; il combine
les faits entre eux; il oblige la nature à
dire ce qu'elle fut, par ce qu'elle est à
préfent : je vais, pour m'expliquer encore
mieux, prouver, par un exemple, que
c'est la feule méthode naturelle.

M. Defmarest, doué de toutes les qualités nécessaires à un bon Observateur,
trouve dans l'Auvergne des terrains divers, des volcans, des granits, des con-

trées calcaires & d'autres d'une autre espece.

Le Nomenclateur à fa place, fatisfait de tant de variétés, eût d'abord recueilli des échantillons de ces objets curieux; il en eût formé quatre claffes; les variétés fecondaires auroient donné les fubdivifions, & les arrieres fubdivifions. Il fe fût applaudi de tant d'objets reconnus, recueillis & foigneufement tranfportés dans fon cabinet.

Notre Académicien, au contraire, peu épris de la variété qui n'a rien d'étonnant dans la nature, s'éleve au-deffus de la couleur, du nombre & de la forme; il place trois époques, trois grands faits dans l'ordre des temps, & décrit une partie de l'hiftoire chronologique du Monde phyfique. M. Defmareft eft ainfi un des premiers Obfervateurs qui ait éloigné le goût des fyftêmes & des claffes, & fecoué le joug de la petite nomenclature; le feul avantage que préfentent les Nomenclateurs de la nature femble donc réduit à aider la mémoire & à connoître, fous un petit volume les grandes chofes naturelles ; & c'eſt-là , je crois , ce à quoi ils peuvent prétendre. Je vais encore par un exemple prouver cette aſſertion.

1899. Les Botaniſtes ont établi leurs ſyſtêmes & leurs ſubdiviſions , les uns ſur la figure des feuilles , les autres ſur la forme des fleurs ; ceux-ci ſur les pétales , ceux-là ſur les étamines : mais qu'elle lumiere peut réſulter de trouver un certain nombre de plantes dont les étamines ou les feuilles ſont les mêmes ? La ſcience véritable des végétaux , leur phyſiologie, leur accroiſſement , leur multiplication , leur dégénération, leur mort périodique, leur réſurrection aux approches des chaleurs printannieres, leur ſommeil & tous les phénomènes importans des plantes qui ſont l'objet véritable de cette ſcience ſe trouvent-ils expliqués dans la claſſification , dans les formes de feuilles , &c ? Qui ne voit que les ſyſtêmes en botanique , néceſſaires pour aider nos facultés & ſoutenir la réminiſcence , ne ſont que l'écorce de la ſcience , & que les Adanſon, les Duhamel, &c. ſont autant au-deſſus des Nomenclateurs que le

Profeſſeur de Philoſophie eſt au-deſſus du Maître d'Ecole.

J'ai voulu m'élever contre cette eſpece de ſcience, parce qu'il eſt facheux que la plupart de Savans, doués d'un excellent eſprit, paſſent leurs jours à définir des échantillons, ſe contrediſant ſouvent en-tr'eux ſur un grand nombre de ſubſtances, tandis qu'en éloignant de leur eſprit ces ſyſtêmes de diviſion & de ſubdiviſion, ils pourroient nous donner de bons ouvra-ges : après ces remarques préliminaires nous obſerverons qu'elle eſt dans la mer Méditerranée, la forme du baſſin des eaux & la diſtribution des montagnes en-vironnantes.

1900. La mer Méditerranée s'offre ſur la ſurface du globe comme un immenſe baſſin inondé d'eau, & formé par une chaîne de montagnes qui l'environne de tous côtés.

Cette chaîne coupée à Gibraltar ſe pro-page vers le nord de l'Eſpagne, & laiſſe paſſer dans ſon ſein la vallée & les eaux de l'Ebre : elle ſe joint aux Pyrénées & en deſcend formant les montagnes Cor-

bières & les Cauſſes coupées encore par
le Rhône, elle paſſe en Provence où les
eaux du Var ſur-tout la déchîrent, &
s'appuyant d'un côté ſur les Alpes, elle
s'avance de l'autre vers Genes où commence la traînée longitudinale des Appennins: le Po creuſe ſon lit au détriment
des roches qui s'avancent vers le Padouan, le Vicentin, la Carniole & la
Styrie, pénetrent dans la Turquie, dans
la Grèce, forment les Monts Liban,
l'Arabie Petrée. Le Nil coupe encore
cette chaîne & paſſe à travers, mais elle
ſe releve dans l'Afrique où elle forme
les fameux Monts Atlas qui bordent les
côtes de la Barbarie, & viennent ſe joindre au Détroit de Gibraltar où elle correſ-
pond à l'autre partie de la même roche
coupée par la mer. La Méditerranée,
d'après cette deſcription, paroît ſur le
globe comme un baſſin entouré d'une
chaîne de montagne qui tient aux Pyrénées, aux Alpes & aux principales élevations du globe, & qui eſt coupée,
même à angles droits, par les vallées des
fleuves qui verſent dans ſon baſſin, &

par le Détroit de Gibraltar qui y répand les eaux de l'Océan. *Voyez la Carte phy-sique de la Méditerranée au commencement du Chapitre.*

1901. Cette séparation d'avec les eaux de l'Océan par des chaînes de montagnes environnantes, empêche que les eaux de la Méditerranée ne participent au balance-ment universel du flux & du reflux. Can-tonné dans un bassin solitaire & longi-tudinal, parallele aux degrés de longi-tude & non point à ceux de latitude, l'élément liquide ne peut obéir aux cau-ses générales de ce mouvement des eaux qui dépend dans l'Océan, non-seulement de l'action des corps célestes, mais encore de la situation de ces eaux sur les diffé-rentes zones du globe & de leur balan-cement réciproque.

On a observé, malgré cette sépa-ration des eaux de la Méditerranée, quelques mouvemens analogues au flux & reflux. Nous en traiterons dans le cha-pitre des élémens, d'après nos observa-tions faites à Cette & Aigues-Mortes, & d'après les témoignages de divers Auteurs, nous allons décrire la direction de la chaîne qui circonfcrit la Méditerranée.

1902. Le Détroit de Gibraltar eft formé par deux montagnes efcarpées, calcaires & à couches correfpondantes que la mer a coupées en battant contre cette côte, comme elle coupe à pic les montagnes & les roches vives qui la circonfcrivent, tandis qu'elle applanit ou qu'elle difpofe en pente douce fa vafe, fon fable littoral & fes petits cailloux roulés, comme nous l'obferverons dans la fuite de cet Ouvrage.

1903. La chaîne de montagnes côtieres qui bordent la Méditerranée, coupée par le flux du Détroit, s'avance dans l'intérieur de l'Efpagne : elle fépare la Grenade de l'Andaloufie, elle pénetre dans la nouvelle Caftille & dans la vieille où elle eft coupée de nouveau par la vallée de l'Ebre.

Dans la Grenade cette chaîne eft hériffée de pics pointus ; les Hiftoriens comparent ce terrein à une mer agitée : quoique avoifinée de la mer, cette chaîne ne s'abaiffe s'abaiſſe point inſenſiblement vers ſes eaux comme on l'obſerve ordinairement dans le rivage des mers. A Malaga, au contraire, la Méditerranée vient briſer ſes flots ſur des roches eſcarpées, & ces précipices, qui ſuivent les bords de la côte depuis cette ville juſqu'à Salobrena, ſont quelquefois coupés par de petites vallées qui verſent leurs eaux dans le baſſin.

1904. Antequerra, dans la Grenade, eſt ſitué ſur de hautes roches qui forment le ſommet de la chaîne dont nous parlons, & qui parvenue vers Jaen au-deſſus de Baza, entretient ſur ſon ſommet, à cauſe de ſa grande élevation, des neiges perpétuelles. Cette obſervation annonce, ſans baromètre, une hauteur de ces ſommets d'environ quinze à ſeize cens toiſes au-deſſus des niveaux de l'Océan & de la Méditerranée, mers ſéparées par cette grande chaîne : on ſait que dans les contrées méridionales de l'Europe la neige ne fond point à l'élevation de quinze cents toiſes.

Une telle diſpoſition du ſol de la terre dans les contrées les plus méridionales

Tome IV.   V

de l'Espagne mériteroit sans doute un Historien qui nous offrît la variété des minéraux dans le climat glacé des plus hautes montagnes de la Grenade, & dans le climat brûlant du pied de ces montagnes qui produit le célebre vin de Malaga, qui donne tous les ans de petits pois à Noël, qui laisse fleurir dès le commencement de Janvier le grand asphodele, le petit lis & la marguerite; qui mûrit les fruits des cannes à sucre.

1905. Telle est la hauteur de la chaîne dans le Royaume de Grenade; sa base avance ses racines dans les eaux de la Méditerranée, & forme le cap de Gate, Promontoire le plus méridional de l'Espagne de huit lieues de circuit, & de cinq de diamètre, formé d'une roche vive de jaspes, d'agathes, de coralines & d'amethistes.

Cette roche, différente des roches calcaires que les mers les plus récentes ont posées dans leurs fonds, avance ses pics escarpés dans la mer, lui présente l'ouverture d'une grotte dans laquelle les vagues pénétrent avec fureur, & portent des amas de pierres roulées par les flots, & non par les fleuves : ces dépôts forment le pavé de cette concavité.

1906. Telle eſt la forme & le ſouterrein de la montagne du Bujo, le rivage & la vaſe de la mer dans le voiſinage préſentent un ſable fin & luiſant qui n'eſt qu'une décompoſition des montagnes battues par les flots : les vagues de la mer ont donc la force de couper à la longue leurs montagnes côtières, de changer en ſable & en cailloux roulés leurs ſubſtances les plus vives. Les fleuves & les eaux courantes des continens ne font donc point les ouvriers de toutes les inégalités du globe terreſtre.

1907. De ſemblables précipices ſe retrouvent encore à Almeria, terrein granitique & ſchiſteux rempli de grenats que l'eau maritime ne peut décompoſer, comme ſa gangue, & qui reſtent, à cauſe de leur dureté, intacts dans le ſable parmi les décombres pulvériſés de la roche qui les contenoit. Ces grenats ſont ſi abondans dans la vaſe, que M Bowles

V 2

dit qu'on pourroit en charger des vaiſ-
ſeaux.

1908. La même chaîne qui environne
la mer ſe propage vers le nord de l'Eſpagne, & devient calcaire à Saint-Phi-
lippe, ſitué ſur les hauteurs : ici la chaîne
ne borde point la Méditerranée, mais
elle laiſſe entre celle-ci & ſes hauts pics
une magnifique plaine où l'on trouve
Carthagene & Murcie, plaine hériſſée
de volcans, & ſéparée d'une autre plus
magnifique encore qui forme une grande
partie du Royaume de Valence ; Alicante eſt ſitué ſur une chaîne latérale
qui part de la chaîne majeure qui ſe
propage de Gibraltar vers le nord, &
envoye dans la mer ce bras latéral.

1909. La roche calcaire d'Alicante
eſt ſituée à plus de dix mille pieds de
hauteur, les flots de la mer viennent ſe
briſer vers ſes fondemens ; la mer a
coupé encore cette chaîne propagée latéralement, & ſes flots en triturent les décombres.

La plaine de Valence s'ouvre à travers les roches; l'argile qui forme fes bas-fonds, comme ceux des grandes plaines fluviatiles, eft peu élevée au-deffus de la mer.

La grande chaîne qui environne la Méditerranée s'avance enfuite vers Cuenza, bâti fur les hauteurs : elle arrive à Albarazin, terrein fupérieur, l'un des plus élevés de l'Efpagne, où fe fait la grande féparation des eaux occidentales & des eaux qui verfent dans la Méditerranée.

1910. Il faut obferver ici que ce fommet de toutes les montagnes Efpagnoles eft éloigné d'environ trente lieues de la Méditerranée, & qu'il l'eft de plus de cent quarante des eaux de l'Océan : on doit ainfi confidérer le fol de l'Efpagne comme formé de deux immenfes efpaliers; l'efpalier oriental eft très-incliné à l'horifon à caufe de la grande pente du revers de la chaîne des montagnes, & l'efpalier occidental eft très-peu incliné.

1911. Le fol de la France & le fol de l'Efpagne ont donc des expofitions folaires & des inclinaifons femblables.

V 3

1912. Coupée par la vallée de l'Ebre, la chaîne des montagnes qui ceint la Méditerranée ne paroît que dans les montagnes des Cauffes en Languedoc; la chaîne des Pyrénées coupe fa direction à angles droits, s'avance de l'occident à l'orient, fait reculer la Méditerranée, & vient expirer dans fes eaux formant le Cap de Rofes.

1913. Mais la chaîne reparoît vers le Mont Louis; les Pyrénées envoyent une branche latérale qui continue vers Douneffan, paffe entre Limoux & Mirepoix, & coupe à angles droits le célèbre canal de Languedoc, monument de magnificence & d'utilité du regne de Louis XIV.

1914. C'eft entre Caftelnaudary & Naroufe que fe fait la féparation des eaux afcendentes & defcendantes du canal : il traverfe ici la chaîne des montagnes qui circonfcrit toujours la Méditerranée, qui laiffe Carcaffonne à droite dans des bas-fonds, & paffe à Saint-Pons, remarquable par les hauts pics de Carous.

1915. La même chaîne se prolonge des environs de Saint-Pons vers Lodève, & descend insensiblement vers le Rhône, où ce fleuve parcourt une des grandes vallées qui aboutissent dans la mer.

Ici sont situés de vastes atterrissemens, des plaines humides, des marais sablonneux, &c. délaissés par le fleuve. Ici la Méditerranée perd tous les jours une partie de son domaine; elle est obligée de refouler & de faire place aux sables & aux cailloux roulés provenus de la destruction des hautes montagnes. Ici sont épars, en forme de petits galets, des échantillons des montagnes méridionales arrosées par le Rhône. On y reconnoît la lave atténuée de Vivarais, &c. le basalte changé en petits noyaux, quelques silex, beaucoup de cailloux roulés de marbre, des noyaux granitiques, plusieurs galets de quartz.

1916. La mer occupoit jadis la basse plaine du Rhône, & les déblais l'ont fait reculer; alors cet espace étoit un bras de mer qui battoit contre les flancs des montagnes de Provence & des Cevennes.

V 4

1917. Il se trouve encore au-dessus du niveau de cette mer des fontaines salées, provenues du sel que cette mer a délaissé dans ce terrein sablonneux & de nouvelle date ; les coquillages qu'on y trouve ne permettent point d'en douter.

1918. Enfin, c'est sur ce sol que j'ai étudié spécialement à Cette & à Aigues-mortes, & que j'ai parcouru avec M. l'Abbé Tourette, qui a été Vicaire & Curé dans ces deux villes, qu'on trouve de toutes parts les ravages de l'eau anciens & modernes, les déblais des montagnes supérieures & les preuves de tout ce que j'ai dit sur la formation des plaines, & surtout de cette vérité. *Les plaines du bas Vivarais, du bas Dauphiné, du Comtat Venaissin, & des bords du Rhône jusqu'à la Méditerranée, ne doivent leur formation qu'à ces déblais des montagnes supérieures. Tome I, pag. 39.*

Voyez à la suite de cet Ouvrage *les Ages de la Nature dans l'excavation des vallées*, l'histoire des Diocèses de Nismes, d'Agde & d'Avignon.

1919. L'île de la Camargue, le champ

de Craux, la mer de Martigues, &c. occupent une vaſte étendue de pays qui eſt ou au niveau ou peu élevé au-deſſus de la Méditerranée. Mais bientôt une ſuite de montagnes deviennent ſaillantes; elles cotoyent la Durance, & ſe ſubdiviſent en chaînes inférieures; celles-ci produiſent les hauteurs de la Sainte-Baume, de Toulon, Pierrefeu, Cougoulin : la principale ſuit le cours de la Durance dont elle ſépare les eaux d'avec les rivieres qui verſent immédiatement dans la Méditerranée par la riviere d'Argens. Ces montagnes prennent enſuite le nom de Leſterel & viennent expirer en partie vers Frejus ; d'autres forment le col de la Champ & s'avancent vers Glandeves, où elles ſont tranchées par le Var qui coupe leur direction à angles droits.

1920. Cette chaîne qui forme les côtes de Provence eſt ſubdiviſée ainſi en pluſieurs chaînes qui fuyent enſemble des hauteurs de la Sainte-Baume & autres adjacentes vers l'orient , au lieu de diriger leurs chaînes vers le midi occupé par la Méditerranée; obſervation qui ſe con-

firme en cette province , dans quatre
ou cinq cantons, car les rivieres de Glandeves, Lesteron, le Reiran , l'Argens ,
comme les chaînes qui les séparent, sont
dirigés presque en droite ligne de l'occident vers l'orient, tandis que la direction
des eaux de la Durance est dans le sens
contraire.

1921. Les montagnes du col de Fines-
tres succedent à la vallée du Var ; celles
du col de Tendes , celles qui donnent
les premieres eaux du Tanaro, continuent
toûjours la chaîne, dont la forme sail-
lante & dirigée selon le même système
ne finit que dans le Royaume de Naples. Il est fâcheux que des montagnes
si pittoresques, & dont le système comparé au bassin de la mer qui baigne leur
pied , annonce de grandes observations
à faire sur ces côtes, n'ayent point encore
d'Historiens Naturalistes.

1922. Depuis le Var jusqu'à la riviere
de Margra , les vallées & les plaines ne
s'avancent plus vers la Méditerranée dans
des directions obliques ; elles coupent au
contraire à angles droits le rivage longi-

tudinal de la mer. Les rivieres de Margra
& de Serchio, dans la République de
Lucques, s'éloignent de cette direction ;
mais l'Arno, dans la Toscane, coupe de
nouveau, & presque à angles droits, le
même rivage.

1923. Telle est la côte de Genes depuis le Var jusques dans la Toscane : elle
est toute composée de hauts rochers souvent coupés à pic du côté de la mer &
du côté de la terre ferme : M. Ferber
dit qu'ils sont souvent entourés de précipices les plus effroyables. C'est sur le
sommet de ces montagnes que passe un
sentier jonché de rocailles qui monte &
descend continuellement : il est si étroit
« qu'un seul faux pas du mulet qu'on
» monte, & sur lequel on charge son
» bagage, vous assure d'une chûte mor-
» telle, soit dans la mer, soit dans le val-
» lon le plus profond ».

1924. Le versement des eaux de la
côte de Genes est très-remarquable : celles
qui coulent du sommet de la chaîne vers
la Méditerranée, par la riviere de Ba-
saguo, emploient cinq à six milles. Les

eaux oppofées emploient plus de trois
cents milles pour arriver au même niveau dans le golfe de Venife par la vallée du Pô. Ces différences d'inclinaifon
doivent produire une grande différence
dans le calibre comparé des cailloux roulés ; car j'ai obfervé en France dans le
baffin du Rhône, de la Seine & de la
Loire que les plus menus fe trouvent
dans les plaines les plus horifontales, &
les plus maffifs dans les lieux les plus inclinés, ou fur le pied de montagnes jadis
plus élevés, ou à côté des anciens lits dé-
laiffés, ce qui a fait imaginer à quelques
Naturaliftes d'étranges alluvions qui ont
dépofé ces atterriffemens.

1925. La République de Génes eft
ainfi défendue par une chaîne de montagnes efcarpées qui tiennent d'un côté
aux Alpes, & qui forment une partie des
Appennins.

1926. Sans difcontinuer, la même
chaîne pénètre dans l'Italie : elle entre
dans les Etats de Lucques & d'Urbin,
Borgo, Affife, Péroufe, Afcoli, Aquila,
Molife, le Mont Caffin, Bénevent,

&c. font fitués fur la chaîne ; & ce qu'il y a de remarquable dans la chûte des eaux, c'eſt que la pente de la chaîne du côté de Rome eſt bien moins rapide que la pente oppoſée qui verſe dans le Golfe de Veniſe, les fleuves du côté de Rome font auſſi plus grands : les hommes qui ont toujours fondé des Villes conſidérables dans les plaines les plus fertiles, à côté des grands fleuves, & dans les ſituations les plus commodes, y ont bâti Naples, Rome, Capoue, Sienne, Florence, Lucques, Modene, &c. Villes capitales ou remarquables par leur beauté, leur luxe, leurs richeſſes, tandis que la pente oppoſée, moins fertile, plus incommode, moins ſuſceptible d'avoir de grands chemins, n'a que la ville d'Urbin & de Boulogne qui puiſſent être comparées à une des capitales ſituées fur la pente oppoſée de la chaîne.

1927. La vallée du Pô coupe cette grande chaîne qu'elle ſépare des montagnes inférieures de l'Allemagne ; à côté s'éleve une chaîne côtiere qui ſépare l'Evêché de Trente du Padouan & du

Veronnois, & l'Evêché de Brixen de la plaine inférieure de l'Etat de Venise, qui verse dans la Méditerranée, la chaîne se propage dans la haute Carinthie & dans la haute Carniole, elle pénetre dans l'Esclavonie & dans la Croatie, dans la Dalmatie & l'Albanie.

1928. Cette chaîne est encore remarquable en ce que son sommet donne des eaux au Draw dans la Carinthie qui parcourent un espace de plus de 140 lieues pour parvenir au niveau de la mer, tandis que les eaux orientales qui coulent dans le Golphe de Venise arrivent après vingt lieues seulement d'espace parcouru, observation que nous avons déja souvent faite sur les montagnes côtieres qui environnent la Méditerranée.

1929. Toutes les montagnes du Tirol, de la Carinthie, de la Carniole, se rétrécissent en laissant au midi le golfe de Venise, & passent dans la Morlaquie ; elles séparent le bassin de la mer du bassin du Danube, & pénetrent dans la Bosnie: bientôt elles se joignent aux montagnes de Narmei, d'Argentaro, & viennent se perdre vers Conſtantinople, auprès de la petite mer de Marmara, où la Méditerranée ſe joint à la mer noire.

1930. Cette grande côte, peuplée de Turcs, eſt preſque inconnue. Aucun Naturaliſte n'a fait connoître la nature du pays & des montagnes.

Mais il part une ſuite de montagnes de cette grande chaîne vers le midi, qui ſéparent l'Albanie, l'Epire & l'Achaïe, de l'Archipel. La Grece, ancien ſéjour des arts & des ſciences, occupe ce beau ſol environné de mers, & ſurtout de l'Archipel, petit bras de mer, hériſſé d'îles volcaniques, décrites par un Savant François, M. le Comte de Choiſeuil-Gouffier.

1931. Toutes ces chaînes de montagnes entourent le Pont-Euxin ou Mer Noire; elles ſont coupées aux embouchures du Danube & du Tana, & retournent circonſcrire la Méditerranée entre Alexandrette & Alep, où elles ſéparent le baſſin de cette mer du baſſin de l'Euphrate; elles viennent vers Antioche & vers Damas, où elles prennent le nom de montagnes du Liban, si célebres dans l'histoire des Juifs.

1932. La Géographie de la Judée n'est pas moins intéressante : ce petit Etat, berceau de notre Religion, est situé entre les hautes montagnes du Liban, qui s'avancent vers le pays des Ammonites & vers l'Arabie-Pétrée.

Cette terre, d'où découle le lait & le miel, est hérissée de quelques roches ou pics pointus ; les célebres montagnes du Thabor, le Mont-Carmel, le Mont-Sinaï, le Mont - Calvaire, & plusieurs autres, tiennent entre eux par de petites collines qui viennent toutes expirer en Egypte où elles sont coupées par la Mer Rouge & par le Nil.

La Judée néanmoins peut être considérée comme un petit canton situé entre la chaîne qui ceint la Méditerranée & la mer. Ce canton renferme le Jourdain, le lac de Tiberiade & la mer morte, &c. Au rapport de Schaw, le Jourdain a trente verges de largeur ; il est très-profond, & sa vîtesse est de deux mille par heure ; il décharge dans la Mer Morte six millions

lions quatre-vingt-dix mille tonnes d'eau par jour.

1934. Le climat de la Judée, peu élevé au-dessus de la mer, est par conséquent très-chaud : on sait que la vigne & l'olivier y croissent & multiplient, & que la figue y est mûre dans le mois de Juin : selon Schaw, le sol des environs de Jérusalem est rempli de roches.

Le Nil, comme plusieurs autres fleuves, a coupé dans l'antiquité des temps toute cette chaîne circulaire, comme on le voit dans la carte dressée en 1719, où le sol est représenté en relief. Ce fleuve a été observé avec beaucoup de soin par Schaw qui, le premier, a connu, en calculant la quantité de matiere délayée & dissoute par l'eau à chaque pluie, ce qu'une basse plaine peut gagner en hauteur, & ce que perdent les hautes vallées creusées par les eaux. Cet ingénieux Observateur ayant mis l'eau du Nil dans un tube de trente-deux pouces, trouva que le limon séché en formoit une cent-vingtieme partie. Il conclud ainsi que depuis le déluge universel le sol de la basse

Tom. IV. X

Egypte s'eft élevé d'un peu plus d'un
pied par fiecle, & il confirme fes idées
par des paffages d'Hérodote. Voyez dans
la fuite mes opérations faites vers le bord
de la mer Méditerranée & fur les plus
hauts fommets des montagnes du Vivarais. Ces travaux font annoncés à la page
4 du Profpectus de cet Ouvrage, imprimé à Montpellier chez Martel, 1779,
& tome I, page 33.

1935. Les embouchures du Nil forment le Delta : ce fleuve, comme le
le Rhône & plufieurs autres, verfe dans
la mer en fe fubdivifant en plufieurs
branches ; quant aux fources du Nil,
elles n'ont été connues, pour ainfi dire,
que des Modernes.

Pierre Pays, Jéfuite portugais, dit
qu'étant à la fuite de l'Empereur des
Abiffins, le 21 Avril 1618, il monta fur
la montagne d'où fort le Nil. Sa fource
fort avec impétuofité. Au fortir de la
montagne ce fleuve reçoit d'autres ruiffeaux : à vingt cinq lieues ou trente de
fa fource il parcourt un lac, fe jette entre
des rochers, fe précipite de la hauteur
de quatorze braffes avec un bruit effroya-

ble ; & après s'être replié fur lui-même & fait divers détours, il verfe dans la Méditerranée.

1936. A côté du Nil commencent les ramifications latérales des célebres monts Atlas coupés par ce fleuve. Le fol eft féparé ici de la Mer Rouge par les montagnes de l'ancienne Thébaïde. Cette mer offre à la Méditerranée une pointe trèsaigue, forme finguliere dans le baffin de l'océan, unique dans le monde. En effet, on ne trouve nulle part cette mer s'avançant ainfi dans le fond des continens & avoifinant la Méditerranée : ce grand éloignement eft la preuve la plus raifonnable de la différence des niveaux des deux mers ; les eaux ne peuvent fe balancer aifément dans un baffin auffi immenfe : or, elles peuvent être plus hautes dans la mer Rouge que dans la Méditerranée, fans que l'inégalité du fol pût empêcher leur jonction par des canaux & des éclufes : projet fublime dont l'exécution eft peut-être réfervée à la poftérité. On a obfervé dans la plaine qui aboutit du lac Moeris à la mer, une val-

lée feche, fablonneufe, remplie de cailloux, c'eft vraifemblablement un ancien
lit latéral du Nil, car on y trouve des
batteaux pétrifiés. Cette plaine eft ap-
pellée ainfi *la mer fans eaux*.

1937. Depuis le Nil jufqu'à Gibraltar,
la mer eft circonfcrite par les Monts
Atlas qui environnent la Barbarie.

Quant aux îles de la Méditerranée,
elles font à peine connues : on defire beaucoup la publication des travaux de M.
Beffon dans la Corfe.

Résultats de la Géographie physi-
que de la Mer Mediterranée.

1938. De ces obfervations Géographiques il fuit, 1°. qu'une chaîne de montagnes circonfcrit la Méditerranée, forme autour d'elle les parois latérales de
fon baffin, & contient fes eaux.

2°. Que trois grandes chaînes, les Alpes, les Cévennes & les Pyrénées,
chaînes de montagnes primitives de la
premiere claffe, viennent fe joindre à
cette chaîne côtiere environnante.

3°. Que cette anoftomofe d'une chaîne primitive à la chaîne côtiere environnante empêche que la chaîne côtiere ait deux pentes oppofées, l'une vers la Méditerranée, & l'autre vers l'Océan, comme dans le Rouffillon & en Provence, &c. où fe fait la jonction des Pyrénées & des Alpes à la chaîne côtiere.

4°. Que cette chaîne circulaire fut coupée à Gibraltar, où les eaux de l'Océan communiquent à celles de la Méditerranée.

5°. Que cette chaîne eft prefque coupée auffi vers Suez, où les eaux de l'Océan avoifinent tant celles de la Méditerranée.

6°. Que quatre grands fleuves connus, l'Ebre, le Rhône, le Nil & le Pô coupent encore à angles droits la direction circulaire de la chaîne environnante.

7°. Que leurs lits font creufés principalement, non dans la chaîne côtiere, mais dans le vif des montagnes primitives qui viennent fe joindre à la côte : ainfi les vallées du Pô, du Rhône & de l'E-

X 3

bre font creufées dans l'intérieur des montagnes des Alpes, des Cevennes & des Pyrénées, obfervation qui nous fervira à prouver dans la fuite, qu'outre la chûte des mers des hauteurs continentales, elles paroiffent encore avoir diminué peu-à-peu de leur niveau après la chûte.

8°. Que les autres vallées creufées dans le vif de la chaîne côtiere environnante ne font que de petites vallées, & leurs eaux courantes ne font que de petites rivieres à caufe de la pente rapide & du peu de diftance qu'il y a des bords de la mer au fommet de la chaîne circulaire.

9°. *Que cette pente de la chaîne côtiere environnante eft bien plus rapide du côté du baffin de la Méditerranée que du côté de l'Océan (comme il eft avéré par les defcriptions* 1925*,* 1929*, &c.*)

10. Que les flots de la mer coupent à pic les roches vives expofées à leur fureur avec plus de force que les eaux des rivieres coupent les lits qu'elles parcou-

rent : les eaux pluviales ne font donc
pas les feuls agens des formes faillantes
du globe.

1939. Le neuvieme réfultat eft un des
plus importans de la Géographie phyfique, parce qu'il eft démontré, parce
qu'il fe renouvelle fur toutes les côtes
connues qui environnent la Méditerranée, excepté vers l'anoftomofe des Alpes & des Pyrénées avec la chaîne circulaire côtiere, & parce qu'aucun Naturalifte n'a eu égard à ce travail de la
Nature. Or cette pente fi rapide vers la
Méditerranée, & moins rapide vers l'O-
céan, ne peut être attribuée à une plus
grande deftruction du fol par les eaux
courantes, ni par les flots de la mer ; car,
1°. la Méditerranée plus tranquille n'é-
prouve point de remuement de flux & de
reflux comme l'Océan : fes flots n'ont
point tant de force deftructive fur les
côtes. 2°. Les eaux courantes pluviales
n'ont point opéré cette plus grande pente
du côté de la Méditerranée ; car cette
caufe deftructive eft affez uniforme dans
fon principe, les obfervations météoro-

X 4

logiques nous apprennent qu'il tombe à-
peu-près une égale quantité d'eau pluviale annuellement fur les deux revers
d'une chaîne de montagnes. Les flots de
la mer ni les eaux pluviales n'ont donc
point opéré cette plus grande deftruction de la chaîne circulaire vers la Méditerranée.

1940. Or cette atténuation, cette
pente, cette excavation du fol, plus confidérable, font démontrées par le feul
afpect des cartes géographiques. Les eaux
qui tombent fur le fommet de la chaîne
Efpagnole, & qui partent en fe féparant
les unes vers la Méditerranée par le
Royaume de Valence, & les autres vers
l'Océan paffant en Portugal, parcourent,
avant d'arriver à leurs mers refpectives
qui font à-peu-près au même niveau,
des efpaces différens: la diftance occidentale $= 12$, & la diftance orientale $=
3$; donc l'excavation comparée du fol
$= 12$ du côté de la Méditerranée, &
$= 3$ du côté oppofé.

1941. Cependant les forces deftruc-
ives de l'eau pluviale font par-tout les

mêmes, & celles des flots de la Méditerranée font infiniment moins énergiques
que celles de l'Océan : donc l'excava-
vion & la pente du revers de la chaîne
qui environne la Méditerranée doit être
attribuée à une autre caufe.

1942. Et comme d'un autre côté cette
caufe a agi uniformément tout le long
de la côte qui environne la Méditerranée, puifque les mêmes pentes rapides
du côté de cette mer, & peu inclinées
du côté oppofé, s'y répetent par-tout, il
fuit que cette caufe a été générale, &
que c'eft à elle feule que nous devons la
formation de cette mer. Ainfi les chûtes
rapides des montagnes côtieres de Genes,
& des montagnes côtieres Efpagnoles,
appartiennent à la même caufe.

1943. Cette caufe, c'eft l'affaiffement
des couches folides de la terre par le
choc qui lui imprima le mouvement autour du foleil & autour d'elle - même
*tome III, 1585 & fuiv., tome IV,
1698 & fuiv.*) ce choc fit précipiter
les parties de la terre les moins folides :
mais les plus cohérentes, & nos vieilles

chaînes granitiques, resterent saillantes. Ayez un bacquet à demi plein de sable recouvert d'eau, frappez sur le bacquet, & vous aurez un exemple frappant d'affaissement & de chaînes de montagnes.

1945. La Méditerranée ne fut alors qu'une petite sciffure, un petit affaissement relativement au bassin immense de l'Océan : or, dans une sciffure, la pente qui aboutit vers son fond, doit être très-inclinée ; elle doit être moins rapide, au contraire, dans un grand bassin formé par affaissement lorsqu'il est également profond. Joignons donc ces raisonnemens, ces faits & ces résultats à des vérités encore plus générales.

1945. On ne peut dire que le mouvement projectile par lequel le globe terrestre tourna autour du soleil & autour de son centre, ait été imprimé lorsqu'il étoit fluide. Il faut qu'un globe qu'on fait tourner autour de lui-même par un choc oblique, soit solide : s'il étoit fluide, il s'applatiroit.

1946. Le globe terrestre solidifié à l'époque de la premiere impulsion, ne put éprouver un tel choc fans qu'il n'en réfultât des fractures & des affaiffemens dans fes couches.

Les baffins immenfes de l'océan & celui de la Méditerranée, font donc les ouvrages de cette cataftrophe : de-là cette célebre féparation des continens, des eaux maritimes, qui couvroient toutes les hauteurs & qui laifferent fur les fommets calcaires les dépouilles de leurs anciens habitans. Alors les eaux s'affaifferent, ces mêmes eaux qui ont embarraffé tant de Naturaliftes qui ont voulu donner des théorie du globe : leurs dépôts fur nos hautes montagnes leur avoient témoigné leur ancienne ftation fur ces lieux.

1947. Le baffin de la Méditerranée, la chaîne côtiere qui l'environne, ni l'Océan, n'ont donc point été formés par les eaux pluviales ni par les flots de la mer, mais par l'affaiffement du terrein inondé qui a féparé le folide du fluide.

1948. Après ce grand choc, après la difruption des couches, après la formation des profondes fciffures du globe, il fe forma d'abord fubitement dans les bas fonds des amas confidérables d'élément liquide ; ce fut le fond des mers.

1949. Les entrailles de la terre abforberent enfuite de plus en plus une plus grande quantité d'eau : fendues intérieurement par le choc de milles difruptions, les mers précipitées des hauteurs fe retirerent dans leurs concavités, tandis que leurs courans extérieurs, defcendant felon le degré d'inclinaifon de la pente du fol émergé, délaifferent diverfes carrieres calcaires nouvelles, des poudingues formés de blocs qui n'étoient point changés en cailloux roulés ; elles tracerent dans cette pente les premiers *linéamens* des lits des fleuves ; elles façonnèrent & délaifferent à côté les chaînes des montagnes qui les féparent à caufe de leur nature compacte ; & depuis le choc qui opéra ces cataftrophes, depuis la premiere chûte des mers jufqu'à leur degré de diminution actuelle, il s'écoula plufieurs milliers d'années. Cette période de fiècles & cette diminution lente, précédée & caufée par le grand choc, permit aux

volcans de brûler à tous les niveaux, à
toutes les époques, depuis les plus élevés
d'Auvergne & de Vivarais, jufqu'aux
volcans du Véfuve & de l'Etna, tandis
que les continens mis à fec furent en
proie aux deftructions des eaux courantes
pluviales qui creuferent les baffins des
fleuves dans les pentes des continens.
*Voyez ci-après l'hiftoire ancienne du Globe
terreftre; le Difcours préliminaire, pag. 32,
Tome I & fuiv.* & le *Profpectus* imprimé
à Montpellier chez Martel en 1779 pag. 4.
Ces faits, ces obfervations & ces réfultats, dictés par la Géographie phyfique,
feront confirmés par la Minéralogie dans
le Chapitre qui fuit.

1650. La Géographie phyfique de la
mer Méditerranée que nous venons d'expofer, fuffit pour démontrer combien
font hazardés les fyftêmes établis fur un
tranfport des mers : on voit que les
eaux font arrêtées par des carrieres fouvent quartzeufes & granitiques, tenant
par conféquent à la plus vieille des roches connues; elles font ainfi contenues
par des remparts impénétrables & très-

élevés qui les arrêtent de tous côtés.
Pour le déplacement de la Méditerranée
il ne faut rien moins que le tranfport de
ces montagnes. Ce n'eſt donc point rai-
fonner felon les loix d'une faine phyſique,
que de faire voyager ainſi les mers, puiſqu'il faut, avant cette opération, déplacer la chaîne circulaire contenante &
l'élever ailleurs : le tranfport d'une mer
eſt donc un travail impoſſible, car il faut
déplacer des baſſins & en creufer d'autres.

1952. Cependant, les obfervations démontrent qu'elle fut jadis ſtationnaire
fur toutes les hauteurs des montagnes
calcaires. La retraite des eaux de cés
contrées élevées s'eſt donc opérée par
l'affaiſſement, & non par le tranfport des
terreins.

1952. Il exiſte dans la nature une loi
générale, celle de la pefanteur qui domine tous les corps : par cette loi ils pref-
fent la terre ; mais il n'en exiſte aucune
qui faſſe voyager les baſſins des mers ni
les chaînes circulaires de montagnes environnantes & contenantes ; & ſi l'imagination fe plaît à mouvoir des eaux, à dé-

placer des mers, les obfervations que j'ai
faites fur la Géographie phyfique de la
Méditerranée, fe refufent à ces voyages,
& la réflexion éloigne le tranfport des
chaînes de montagnes.

1953. L'obfervation & le raifonnement annoncent donc, 1°. que ces chaînes
circulaires ont été formées à l'époque de
l'affaiffement général de toutes les fuperpofitions anciennes des couches terreftres:
(car il faut diftinguer dans l'hiftoire des
couches de la terre les fuperpofitions primitives d'avec les fecondaire. *Voyez ci-
après les âges de la Nature dans la formation des vallées*) 2°. que cette émerfion
des parties folides du globe a formé les
continens; 3°. que les courans de la mer
précipitée & diminuant peu-à-peu après
cette chûte, ont agi fur le terrein à moitié
forti du fein des eaux & à moitié enfeveli
fous les flots; que ces courans ont agi fur
ces terreins, formé des efcarpemens, pofé
des pentes plus ou moins inclinées, déblayé tout ce qui étoit mobile, &c. &c.;
(opérations qui durent encore) que les
courans agiffant ainfi fur un terrein in-

cliné vers le centre du baffin affaiffé, ont
imprimé les premiers *linéamens* des fleuves, & délaiffé à côté les chaînes de montagnes principales & primitives.

1954. Les hauteurs du globe & les plateaux fupérieurs ont donc été abandonnés les premiers aux eaux pluviales, puifqu'ils font fortis les premiers du fein des
eaux après l'affaiffement : ces parties font
les plus folides du globe, parce qu'elles ont
réfifté davantage au choc qui précipita le
fond des mers : enfin, les eaux pluviales
ont agi d'abord fur ce terrein avant de
creufer les vallées inférieures & encore
fituées fous le niveau des eaux.

1955. Voilà la folution d'un très-grand
phénomène en Géographie phyfique ;
fçavoir, la plus grande excavation des
vallées montagneufes fur les Pyrennées,
les Cevennes & les Alpes, & les petits
vallons du fond des montagnes : la caufe
deftructive eft cependant infiniment
moins confidérable vers leurs fommets,
puifque les vallées ne laiffent paffer à leur
fond qu'une petite quantité d'eau : ces
contrées d'ailleurs font quartzeufes, tandis
que

que les inférieures qui font calcaires réfiftent moins à la force deftructive : la caufe
des excavations exerça donc fon énergie
pendant une plus longue fuite de fiecles,
puifque les hauteurs ont été les premieres
découvertes ; tandis que la mer façon-
noit par fes courans le fond du baffin
affaiffé en diminuant de plus en plus.

1956. Les eaux de la mer font donc
contenues dans une chaîne circulaire de
montagnes qu'elles n'ont pas élevées ;
elles ont donc été précipitées du haut en
bas avec le terrein & non point tranfportées d'un climat à l'autre. La chaîne qui
les circonfcrit, granitique & fchifteufe
dans plufieurs contrées, appartient donc
à la carcaffe du globe & n'eft point
un déblais formé par l'eau maritime ;
les matériaux de la chaîne exiftoient
donc avant la mer ; la forme circulaire
de la chaîne qui retient les eaux exiftoit
encore avant la mer, car c'eft cette forme
qui en fait une mer ; il faut d'ailleurs que
le baffin contenant exifte avant que le
contenu vienne s'y loger. La Méditer-

Tom. IV.   Y

rannée n'a donc pu être formée que par affaissement, & non point par déplacement ou transport. On peut consulter les cartes de Buache sur la direction des chaînes qui environnent la mer.

CHAPITRE II.

MINÉRALOGIE ET LITHOLOGIE DES MONTAGNES CÔTIERES QUI ENVIRONNENT LA MER MÉDITERRANÉE.

Observations de divers Voyageurs & Naturalistes sur les Minéraux de cette chaîne circulaire. Côtes d'Espagne. Côtes de Languedoc. Côtes de Provence & de Gênes. Chaîne des monts Appennins. Chaînes des Etats de l'Empereur & de Venise. La Minéralogie du reste de la chaîne est encore inconnue. Résultats de ces Observations. La mer Méditerranée n'a point formé son bassin; elle n'a imprimé sur ses montagnes environnantes que des formes accessoires. Quatre sortes de roches forment son bassin, les roches granitiques, schisteuses, calcaires, & les Poudingues. Ces roches n'ont point été formées par la mer Méditerranée : il n'est pas probable qu'elle ait formé toutes les roches cal-

caires. *Diſtinction des Brêches & des Poudingues.*

Après avoir décrit la poſition des parties ſolides & fluides de la Méditerranée après avoir conſidéré la direction, la hauteur, les branches latérales de la chaîne des montagnes qui ceignent la Méditerranée, nous revenons encore aux mêmes objets, & nous obſervons, non *la forme du globe* dans cette partie, mais *la nature du ſol*, qui doit confirmer les mêmes vérités & en appuyer les réſultats.

Chaîne côtiere d'Espagne.

1957. Les roches de Gibraltar ſont calcaires & formées de couches ſuperpoſées, qui commencent la chaîne. Arrivée à Antequerra cette chaîne ſe change en un marbre très-vif, & vers Jaen la chaîne devient granitique : c'eſt de ces lieux élevés entre Jaen & Grenade que partent de petites montagnes quartzeuſes, latérales, baignées des eaux de la

mer , & la préfence de cette roche à
Malaga , au bord de la mer , démontre
que la Méditerranée n'a point formé
dans le même temps fon baffin , puifqu'il
eft compofé de matieres fi hétérogènes ;
la roche calcaire & la roche quartzeufe
font les deux fubftances de la Minéralogie les plus éloignées par leur compofi-
tion : les jafpes , les agathes , les amethif-
tes , les coralines du Cap de Gate , les
grenats du bord de la mer à Almeria
confirment & démontrent cette vérité ,
que j'ai fi fouvent expofée dans mon
premier volume ; favoir , que les roches
granitiques & quartzeufes ne font pas
toujours les plus élevées au-deffus des
roches calcaires, puifque la mer qui occupe les lieux les plus profonds du globe
baigne des roches de cette efpece , obfervation faite dans le Viennois où le fond
du Rhône eft granitique (*47 & 1325 &
fuiv.*)

1958. La mer détruit donc dans ces
contrées ; elle coupe à pic, elle pulvérife
& change en cailloux roulés des roches
quartzeufes anciennes qu'elle n'a point

Y 3

formées dans ces derniers temps, obfervation qui ne trouve fon explication dans
aucun fyftême imaginé jufqu'à ce jour :
or ces roches quartzeufes font les plus
anciennes qu'on connoiffe fur la furface
du globe, elles ne doivent point leur
origine à nos mers actuelles peuplées
d'animaux.

1959. Sortant du Royaume de Gre-
nage, la chaîne qui ceint toujours la Méditerranée eft tantôt granitique, tantôt
calcaire. Entre cette chaîne & la Méditerranée fe trouve la plaine de Cartha-
gène & celle de Valence, dont les argi-
les difpofées en couches (& provenues
de la deftruction des montagnes fupérieures comme celles qui font au fond
des grandes plaines), contiennent du
mercure vierge.

1960. Les roches d'Alicante qui bordent la mer offrent un phénomène remarquable & analogue à la roche de
marbre de Cette; élevées de dix mille
pieds de hauteur, coupées à pic par les
flots de la mer qui vient brifer fes vagues fur leur pente, on trouve vers la

cîme du rocher des huîtres & des lenti-
culaires dont les analogues n'exiftent
plus dans la mer : le déluge, dit l'Auteur, les a jettées fur ces lieux du fond
de la mer. On trouve encore dans le
voifinage des huîtres à trois charnieres,
des moules, des tellines, des ourfins, des
buccins, &c.

1961. Ainfi, comme la la Méditerranée baigne dans ces lieux des terreins
qu'elle n'a point formés dans les derniers
temps, de même ces roches baignées
contiennent des pierres calcaires qui renferment des coquilles qui ne vivent
plus dans la mer voifine, dit M. Bowles.

1962. Il faut donc que les montagnes
granitiques & les montagnes calcaires
aient été formées à deux reprifes, & que
les roches calcaires aient été élaborées
auffi à deux époques, auffi ai-je trouvé
dans des continens éloignés des eaux de
la Méditerranée des roches calcaires primitives & des fecondaires ; & la fuperpofition de leurs maffes hétérogènes m'a
autorifé à reconnoître qu'elles avoient
été formées dans différens âges. En trou-

Y 4

vant donc en Espagne des roches qui contiennent des huîtres qui n'existent pas dans la Méditerranée qui baigne ces roches, je démontre d'une autre maniere la même observation, que les superpositions des masses m'avoient annoncée dans les continens éloignés de la mer. Il reste donc bien avéré que la mer Méditerranée n'a point formé tout à la fois les roches granitiques ni les roches calcaires qui l'environnent, & que les coquillages ont changé d'espece, ou transmigré dans d'autres climats.

1963. À Albarazin, sommet de montagne très-élevé de la chaîne qui ceint la mer Méditerranée, se trouvent des roches de granit & des roches calcaires; celles-ci sont fendues en tous sens; chaque jour il tombe des pieces de ces roches qui se dissolvent en terre; entre Molina & Albarazin, on trouve des mines de fer, dont le granit est la gangue, & à Terruel les montagnes sont si peu cohérentes dans leur constitution, qu'elles sont emportées tous les jours comme le sable par les eaux pluviales & fluviatiles,

les amas de ces fables font portés jufqu'à la mer, où les flots les changent en vafe boueufe très-fine.

1964. Les fources du Tage fe trouvent dans les environs de Molina : au-deffous eft une fource d'eau falée, phé nomène qui, obfervé dans ce lieu, préfente un grand problême à réfoudre; on trouve enfin à Cuenza, vers les mêmes hauteurs qui dominent fur toute l'Efpagne, des cornes d'ammon en grande quantité. On fait qu'elles ne fe trouvent plus dans la Méditerranée.

1965. On obferve enfin à Tituegas, fous de hautes montagnes granitiques, des mines de houille en couches compofées alternativement d'une gangue de grès, de fable & de houille liante comme l'argile.

1966. Les offemens trouvés fur les élevations méritent bien l'attention des Naturaliftes. On voit près de Concud, à une lieue de Terruel, le fommet d'une colline de pierre calcaire remplie de coquilles terreftres & fluviatiles, & difpofées en couches; on y trouve des os de

bœuf, des dents de cheval & d'âne, des
jambes & des cuiſſes d'homme & de fem-
me, des cornes de bœuf, &c., une cou-
de pierre calcaire dure couvre tous ces
foſſiles. De l'autre côté du même ravin
on trouve une caverne pavée d'os ; les
couches de ce côté correſpondent à toutes celles du ſommet oppoſé, dit l'Auteur ; de ſorte qu'on ne peut douter que
la matiere emportée ne réunit les maſſes
& ne combla la vallée en retabliſſant
l'ancienne contiguité.

1967. J'obſerverai ici que ces dépôts
d'oſſemens ſont très-anciens, puiſqu'il
faut placer entre la date du dépôt &
l'âge préſent l'excavation d'une vallée
entiere par l'eau courante du ruiſſeau ;
& je déſirerois que M. Bowles eut décrit
ces oſſemens, car je doute qu'ils appartiennent aux eſpeces qu'il déſigne.

1968. Cette chaîne que nous avons
vu partir de Gibraltar, & ceindre la
mer, eſt coupée par l'Ebre nourri des
eaux que verſent les Pyrénées. L'Ebre,
dans ſa ſource, avoiſine un lac fangeux
& ſalé : à Valteria des mines de ſel

très-solide , situées sur des lieux fort élevés sur le niveau de la mer, suivent la direction inclinée de plusieurs couches de gypse. On trouve encore sur une colline de gypse entre l'Arragon & le Royaume de Valence, une fontaine d'eaux salées qui rendent le bois incombustible & incorruptible ; l'eau y abonde en hiver plutôt qu'en été : cette propriété ne se trouve pas dans l'eau salée de la mer.

1969. Depuis l'Ebre jusques vers Carcassonne les Pyrénées circonscrivent la Méditerranée. Sur la montagne calcaire de Monférrat, on trouve des restes de lave, & deux volcans bien conservés entre Geronne & Figuéras près de la mer en Catalogne, des coquilles pétrifiées y sont ensevelies entre des courans de lave. Ici finissent les observations faites par M. Bowles sur le sol de l'Espagne, auxquelles j'ai ajouté quelques remarques. Cette Minéralogie fait désirer une Histoire complette de ce Royaume, si curieux dans ses fossiles & dans ses situations géographiques.

Côtes de Languedoc et Chaîne des Corbières.

Après avoir parcouru la chaîne côtiere Espagnole, nous observons les montagnes des Corbières qui s'anostomosent aux Pyrénées & aux Cevennes, qui féparent les eaux de la Méditerranée de celles qui versent par la Garonne dans l'Océan ; je parlerai d'après les observations de M. de Genfanne, & je rapporterai celles que j'ai faites fur les côtes de la Méditerranée dans les Diocèfes de Beziers , d'Agde , de Montpellier , de Nifmes , à Aigues-Mortes & vers les embouchures du Rhône.

1770. La nature des roches qui forment ces montagnes , confirme cette vérité, que la mer Méditerranée n'a point formé fon baffin , & que les roches granitiques & fchifteufes qui l'environnent & qui forment une partie de la chaîne, exiftoient avant la mer ; vérité que les feules montagnes efpagnoles établiffent d'une maniere inconteftable, & qui eft confirmée dans les contrées dont nous décrivons la minéralogie : ainfi dans la vallée de l'Aude, diocefe d'Alet, fe trouvent des couches confidérables de houille, couvertes de couches de plâtre ou pierre gypfeufe. On obferve dans les environs un grand nombre de fources thermales, & les hautes montagnes marbreufes du pays de Sault font pofées fur des roches fchifteufes qui fe manifeftent au fond des vallées creufées par les rivieres, comme dans les Cauffes de Gévaudan & des Cevennes.

1971. A Bugarach, dont les fondemens font fchifteux, fe trouvent entre cette roche inférieure & la roche calcaire, des ourfins, des turbinites, des cornes d'ammon, des bivalves enterrées fur la furface du fchifte, & cette fuperpofition s'obferve dans les régions où font compris Bugarach, Belpech, Saint-Goudy, Fanjaux, Laurac & tout le Lauraguais. Il fut donc un âge (317 & fuiv.) où la mer produifit des coquillages qu'elle ne produit plus aujourd'hui, & d'autres qui font confervés encore dans fon fein.

1972. Enfin, dans le diocese d'Alet les chaînes de montagnes sont escarpées de tous côtés, & les versemens des eaux dans la Méditerranée sont très-rapides; ils se font de cascade en cascade. Dans le diocese de Mirepoix, au contraire, dont les eaux versent dans la Méditerranée, les pentes sont en général insensibles, parce qu'elles finissent à l'océan, très-éloigné du sommet de la chaîne qui avoisine la Méditerranée.

1973. Les hautes montagnes du diocese de Narbonne, qui s'étendent entre celles de Carcassonne & d'Alet, sont semblables aux précédentes; elles tiennent à celles de S. Papoul, bâti sur les hauteurs de la chaîne. Le diocese de S. Pons occupe aussi une partie des hauteurs de la même chaîne; il contient un marais salé près de Liviniere dans un bas fond arrosé par la riviere d'Ognon. Les montagnes calcaires des hauteurs de Lodeve suivent les précédentes. Les dioceses d'Alet, Carcassonne, S. Papoul, S Pons, Lodeve, occupent ainsi les hauteurs de la chaîne. En général, le sol est calcaire

dans ces régions : la chaîne qui ceint la
Méditerranée femble fléchir & s'abaiffer
dans ces régions; ce qui a permis de faire
paffer à travers le canal de Languedoc.
Les diocefes de Narbonne, Béziers,
Agde, Montpellier, Nifmes, occupent le
pied des Corbieres. On trouve dans celui
de Narbonne, dont les terres font calcaires, des fources d'eau falée; à Béziers
le terrein eft plus varié; on y voit des
fchiftes, des volcans, des roches calcaires, des poudingues, &c. &c.

1974. A Cette j'ai trouvé des ammonites dans la roche de marbre couleur de
fer, dont les analogues ne fe trouvent
plus dans la Méditerranée, dont les eaux
battent contre la roche vive où j'ai obfervé ces foffiles. *Voyez Tome I, pag.*
12 & 13.

1975. Toutes ces matieres fe trouvent
en forme d'atterriffemens, de fable & de
cailloux roulés dans la plaine du Rhône.
On doit confulter deux Mémoires à ce
fujet; l'un de M. Virgile, & l'autre de
M. Poujet, dans les Mémoires des Sça-

vans étrangers de l'Académie Royale des Sciences.

1976. Le fol de Provence mérite toute l'attention des Naturaliftes. MM. Guettard, Bernard & Papon, l'ont beaucoup étudié ; & il réfulte de leurs obfervations, que ce terrein, fitué entre la mer & les montagnes de fchifte ou de granit, eft fablonneux ou argileux. A ces terreins de nouvelle date fuccède une grande chaîne fchifteufe micacée, qui eft placée immédiatement après ; deforte qu'il eft avéré que la Méditerranée repofe fur des côtes dont la roche folide eft fchifteufe & non calcaire ; ce qui confirme les obfervations faites en Efpagne & fur les côtes de Languedoc : fçavoir, que la Méditerranée eft environnée d'une chaîne côtiere de montagnes, la plupart compofées de cette vieille roche qui n'eft point l'ouvrage de la mer, comme les pierres calcaires plus récentes : cependant ces montagnes contiennent les eaux de la Méditerranée. Il faut donc attribuer à une autre caufe leur jonction aux montagnes

tagnes calcaires, d'où réfulte le baffin de la mer.

1977. Cette obfervation eft confirmée au feul afpect des pierres de la Chartreufe de Laverne; elle eft bâtie de fchifte dur, de pierre ollaire & de ferpentine tal-queufe, felon le P. Papon. Or ces fubf-tances appartiennent aux plus anciens matériaux du globe, & non point aux roches calcaires, dernier travail de la mer. La Méditerranée n'a donc point creufé fon baffin, ni élevé les montagnes côtieres qui l'environnent, ni formé tous les matériaux de ces édifices.

1978. La même obfervation fe con-firme encore dans le refte de la chaîne qui eft connu; & on trouve au-delà de la vallée du Pô, creufée dans le vif des montagnes des Alpes, des faits analogues. Les marbres de la Carniole, les fchiftes argileux qui font leurs fondemens & qui paroiffent à découvert, ou qui s'enfon-cent fous ces couches calcaires accumu-lées, qui contiennent les mines de plomb de la Styrie & les mines de mercure d'Idria; toutes ces découvertes faites par

Tom. IV. Z

M. Ferber font des répétitions des mêmes
ouvrages de la nature, bien antérieurs
à ceux des eaux de la Méditerranée,
qui ne produifent ni fchiftes micacés, ni
mines de plomb, ni de mercure, ni des
marbres à cornes d'ammon. Cependant,
ces montagnes forment la chaîne côtiere
de la mer ; & fans ce rempart, fes eaux
verferoient dans les contrées qui font ar-
rofées par le Danube.

1979. Les montagnes côtieres du Veronnois annoncent une autre vérité plus
féconde en réfultats. On a trouvé près de
Veronne des cornes d'ammon du poids
de cent-cinquante livres dans du marbre
rouge. Dans le même Etat on a vu des of-
tracites inconnues dans la Méditerranée :
on a même obfervé, dit M. Ferber, page
27, le poiffon aîlé & quelques poiffons
du Bréfil, qui ne vivent ni dans la Méditerranée ni dans l'Adriatique ; on y a
vu la pinne marine, des os d'animaux
& des plantes exotiques pétrifiées & imprimées dans le fchifte.

1980. Or fi la mer Méditerranée eft
contenue dans un baffin dont elle n'a

point élaboré les matériaux, fes montagnes côtieres renferment de leur côté des roches calcaires dont les foffiles repréfentent des animaux qui ont, ou tranfmigré dans d'autres climats, ou dégénéré dans celui-ci, & il refte prouvé que dans l'ordre des poiffons comme dans l'ordre des coquillages, nos contrées européennes méridionales offrent plufieurs foffiles dont les analogues ne fe trouvent que dans les climats les plus chauds

Voilà ce qu'on trouve dans le Padouan & le Veronnois dans les roches vives & folides.

1981. Dans le terrein mouvant de ces contrées, comme dans le terrein mouvant de la plaine du Rhône en France, M. Targioni Tozzetti, favant Obfervateur d'Italie, & plufieurs autres Naturaliftes, ont trouvé, non des reftes foffiles d'animaux marins, mais des débris d'anciens quadrupèdes, des dents & des défenfes d'élephans. On a découvert encore les mêmes foffiles dans la plaine du Danube : le Comte de Marfigli en a confervé la forme dans fon Hiftoire de

Z 2

ce fleuve ; le terrein mouvant & les atterriſſemens fluviatiles annoncent donc
qu'il exiſtoit jadis dans ces climats des
quadrupèdes, comme les roches ſolides
calcaires ont prouvé qu'il exiſtoit des
poiſſons, dont les deſcendans ont paſſé
dans d'autres régions maritimes.

1682. L'île d'Elbe, ſes granits, ſes
ſchiſtes argileux & micacés, ſes mines
annoncent pluſieurs vérités analogues :
cette île eſt dans le ſein des eaux de la
mer, peu élevée ſur ſon niveau ; or la
mer ne produit aucun de ces anciens
matériaux du globe. La longue chaîne
des Monts Appennins confirme de tous
côtés les mêmes faits ; chaîne obſervée
par le célebre Abbé Needham, à qui
l'Hiſtoire naturelle microſcopique doit
tant de découvertes : cet ingénieux Obſervateur a trouvé que les Appennins
n'avoient pu être formés qu'à pluſieurs
époques ſéparées.

1983. Tous les terreins obſervés, leur
forme géographique, la nature de leurs
foſſiles, leurs mines, &c. annoncent donc
que les eaux de la Méditerranée n'ont

point formé leur chaîne environnante, &
que les montagnes granitiques & fchifteufes exiftoient avant la Méditerranée.
Pour donner une théorie raifonnable de
la formation de cette mer, il faut com-
mencer l'ouvrage par la théorie du baffin,
& trouver enfuite des eaux qui en rem-
pliffent les bas-fonds.

1984. Quant aux roches calcaires qui
environnent, il eft moins probable qu'elle
ne les a point formées, parce qu'il eft
avéré que la nature coquilliere eft un
des fes produits. Je penfe que toutes les
roches calcaires vives, primitives, à foffiles, inconnus dans nos climats, font le
produit de la mer qui couvrit tous les
continens, & qui forma, & la roche vive
& marbreufe de Cette, & les hautes roches calcaires de Gévaudan, de l'Ufé-
geois, & celles que M. de Luc a obfervées en Savoie fur des montagnes très-
élevées : les roches calcaires primitives,
les granits & les fchiftes furent affaiffés,
quelques portions refterent ftationnaires
fur les hauts fommets des Alpes, pendant
l'émerfion des roches folides, granitiques

Z 3

ou schisteuses : le reste de l'ouvrage maritime fut précipité, & il occupe le terrein affaissé de la Méditerranée & la pente du Rhône, &c. dans laquelle les eaux courantes ont creusé des vallées.

1985. La mer Méditerranée, formée par affaissement, a produit cependant des roches calcaires plus récentes, telles les roches blanches calcaires des environs, les roches de Mus de Nismes, les falunieres qu'elle a délaissées, les bancs horisontaux d'huîtres qu'on trouve sur ses côtes en plusieurs endroits : toutes ces substances modernes sont un produit récent de la Méditerranée.

1986. Leur apparence extérieure, comme la matiere qui les forme, annonce leur existence moderne, les falunieres & les bancs, sont ou horisontaux ou peu inclinés ; ils offrent un escarpement longitudinal à la mer selon la direction de ses bords, & cet escarpement est l'ouvrage des flots, comme les escarpemens du rivage des rivieres est celui du frottement des eaux courantes ; ce qui annonce que l'eau en bassin & l'eau cou-

rante fluviatile, ont leurs apparences de
deftruction qu'on diftingue aifément lorfqu'on a obfervé ces différens ouvrages,
& lorfqu'on compare les obfervations aux
obfervations.

1987. Mais quand même la mer Méditerranée auroit formé toutes les roches
calcaires, (s'il étoit poffible qu'elle eut
pu élever fa chaîne circulaire en partie
calcaire) il refteroit des roches de granit,
des mines, des fchiftes argileux & micacés, qui font des ouvrages plus anciens,
& qui, formés principalement de matiere
quartzeufe & non fpathique, appartiennent à la roche du globe la plus ancienne
qu'on connoiffe, & non au travail de la
Méditerranée (*) : de forte qu'il eft tou-

_____

(*) M. de la Metherie vient de prouver, dans un excellent Mémoire imprimé dans le Journal de Phyfique du
mois d'Avril 1781, *que cette roche de granit eft un produit de la criftallifation, & que le globe n'a pu être
formé que par criftallifation*: or cette opération phyfique
fuppofe un fluide : tout fluide annonce de la chaleur. La
chaleur préfida donc aux principes conftituans des premieres criftallifations du monde, & la terre fut chaude &
non froide dès le commencement. La Chymie concourt
ainfi à prouver l'origine ignée du globe terraqué.

Z 4

jours vrai que la Méditerranée n'a point
formé sa chaîne côtiere.

1988. Le reste des montagnes qui environnent la Méditerranée confirme ces
faits, quoiqu'elles ayent été peu observées. En Judée, dit Schaw, on trouve
du marbre vif & compacte ; le mont
Sinaï en est tout composé. Les montagnes
de Carmel ; celles qui avoisinent Jérusalem & Bethléem, contiennent des empreintes d'oignons de mer pétrifiés.

1989. Les montagnes de l'Arabie Petrée renferment des sels & des mines vitrioliques, & il est certain que lorsque
des voyageurs éclairés auront parcouru
cette partie de la chaîne, & sur-tout les
Monts Atlas, on trouvera les mêmes faits
si souvent répétés dans les montagnes
côtieres qu'on a parcourues jusqu'à ce
jour.

1690. A Alger, continue Schaw, les
terres sont légeres & sablonneuses, on y
trouve des mines de sel très-dur & dis-
posé en couches : on y voit des sources
thermales si chaudes, qu'elles cuisent la

viande de mouton; ces eaux minérales diffolvent les roches qu'ils changent en bouillie, ces dépôts fe durciffent de nouveau lorfque l'eau diffolvente s'en eft féparée.

1991. Les pierres calcaires obfervées fur les côtes d'Afrique contiennent des belemnites, des échinites, des coraux, des buccinites, des petuncles, des terebratules, &c. en état de foffile, qui la plupart n'exiftent point dans la Méditerranée.

1992. A Alger le baromètre monte jufqu'à trente pouces par les vents du nord, quoiqu'ils foient accompagnés de pluie & de tempêtes. Le vent chaud du fud foutient le mercure à 29 pouces $\frac{1}{10}$ & la quantité de pluie annuelle eft de 27 à 28 pouces.

Voilà l'expofé de la Géographie minéralogique des montagnes côtieres qui environnent la Méditerranée : M. Robert de Vaugondi, Cenfeur de cet Ouvrage, poffede une magnifique Carte de cette mer encore en manufcrit : il eft à souhaiter que cet habile Géographe la publie pour l'intérêt des Navigateurs & des Naturalistes.

CHAPITRE III.

Sur les Volcans éteints qui ont percé a travers les montagnes cô-tieres qui environnent la Médi-terranée , et sur les Volcans agissans et allumés situés vers le centre de ces Volcans éteints.

Volcans éteints d'Espagne , de Langue-doc, de Vivarais , de Provence , d'Afri-que & d'Asie. Traces d'incendies en Judée. Volcans de la Grece, de l'Etat de Venise, des Monts Appennins. Vol-cans isolés & volcans en groupes. Les Volcans en groupe sont dominés par un Volcan principal remarquable , ou par sa masse , ou par l'activité de ses feux. Tous les Volcans éteints & agissans du bassin de la Méditerranée dominés par l'Etna. Distribution des forces projec-tiles du plus au moins depuis l'Etna jusqu'aux Volcans éteints extramarins.

Résultats. Définition du feu des Volcans. Conclusion.

NOUS avons considéré dans le Chapitre premier *la forme* du sol qui environne la mer Méditerranée, nous avons prouvé qu'elle étoit renfermée dans un bassin creusé dans une chaîne de montagnes environnantes.

Dans le Chapitre second nous avons vu *la Nature* de cette chaîne, ses fossiles & ses minéraux.

Nous reprenons encore les mêmes chaînes à Gibraltar pour montrer que ces montagnes qui circonscrivent ainsi la mer, font toutes hérissées d'anciennes bouches volcaniques.

VOLCANS ÉTEINTS D'ESPAGNE.

1993. M. Bowles a trouvé sur la chaîne de montagnes qui versent leurs eaux dans la Méditerranée cinq volcans à cratères bien conservés entre Murcie & Cartagène. Ce qui forme le premier groupe

de volcans composé de cinq bouches
ignivomes, ci 5

En fuivant toujours la même chaîne
il a obfervé entre Géronne & Figue-
ras deux autres volcans . . . 2

La montagne calcaire de Mont-
ferrat offre fur fon fommet des reftes
d'un volcan 1

VOLCANS DES CÔTES DE LANGUEDOC.

1994. Dans le pays de Sault, Diocèfe d'Alet fur les hautes Pyrénées,
M. de Genfanne a trouvé deux volcans;
la Paroiffe de Rodonne eft toute bâtie
de laves ; on obferve dans les contrées
voifines un grand nombre de fontaines
thermales 2

A Lodève, fur des roches calcaires, fe trouvent deux volcans avoifi-
nés de mine de houille 2

Dans le Diocéfe de Beziers font fitués
fur des roches calcaires les volcans de
Nizas & de Saint-Tybery avec leurs
coulées bafaltiques, leurs houilles,
leurs eaux thermales 2

A Agde le volcan de Saint-Loup
ou de la Cremade & celui de Brefcou. 2

Dans le Diocèfe de Montpellier le
volcan de Montferrier 1

Dans le Diocèfe d'Alais un volcan
entre la Salle & Toiras près d'Andufe. 1

Dans le Diocèfe d'Ufès deux volcans, l'un découvert par M. Montet,
qui vient d'en adreffer à l'Académie
des Sciences la defcription, l'autre à
Venejan. 2

VOLCANS DE VIVARAIS.

1995. En Vivarais les volcans de Ney-
rac & de Souliol voifins, de Craux & de
Coupe d'Antraigues voifins, les deux
Gravennes de Thueits & de Montpefat
voifins, le Pic de l'Etoile & le Cros de
Peliffier voifins, la Coupe de Jaujac.
Tous ces volcans récens à cratère font
fitués deux à deux.

1996. Quoique éloignés de plufieurs
lieues entr'eux, il paroît que ces volcans
ont un foyer commun; la même chau-
diere paroît avoir élaboré leurs laves
homogènes: d'ailleurs les volcans difpo-

fés par paires, & qu'on appelle quelquefois dans le pays des *Montagnes*, *Sœurs ou
Coufines*, ont percé, l'un d'un côté de
la chaîne, & l'autre dans la pente oppofée : ainfi, le volcan de Craux eft placé
fur la pente qui regarde l'occident, & fon
frere, celui de Coupe, a percé à travers
la pente oppofée qui regarde l'orient.
Le volcan de Neyrac a percé vers la
pente occidentale de la même chaîne,
& celui de Souliol vers la pente oppofée.
La Gravenne de Thueitz a percé vers la
pente de l'Ardeche, & fa fœur, la Gravenne de Montpefat, a verfé dans la
pente oppofée de la même chaîne.

1697. Ces obfervations prouvent que
les volcans récens s'offrant par paires
dans notre province, & donnant des
laves homogènes, ont une origine com-
mune ; le feu fouterrein ne pouvant foulever une chaîne entiere granitique, la
perce dans fes deux côtes oppofées ; elle
partage fes forces en deux, ne pouvant
agir fur la totalité de la montagne. Les
forces expulfives étant ainfi divifées, la
matiere incandefcente fort des deux ori-

fices : le Véfuve a très-fouvent préfenté des phénomènes analogues : les volcans qui paroiffent ifolés ont donc entr'eux des communications fouterréines : voyez ma carte en relief où ces faits font repréfentés. A Paris, chez Dupain-Triel, rue des Noyers.

Ces volcans inférieurs ifolés & à cratères font dans le bas Vivarais au nombre de 10.

1998. Quant aux groupes de volcans, la communication fouterreine ne peut être mieux prouvée, les hauteurs du Coiron en Vivarais font un vrai crible de bouches ignivomes : les hauteurs du Mezin, les environs du Gerbier d'où fort la Loire, offrent autant des groupes de volcans, dont les bouches font effacées à caufe de leur antiquité ; de forte qu'on ne peut les compter que par groupes, ce qui fait depuis Gibraltar le cinquieme groupe.

VOLCANS DES CÔTES PROVENCE.

1999. Le P. Papon a décrit le volcan de Caudieres près de Tourves 1

Il

De sorte que cette notice de onze volcans éteints situés sur la côte de Provence persuade que ce sol a été agité en divers lieux & à plusieurs époques. Ces volcans gissent la plupart sur des schistes. La chaîne des Alpes qui vient se perdre dans la Méditerranée est ainsi hérissée de volcans vers les approches du niveau de cette mer. Or ces observations se confirment dans une autre ramification qui

Tom. IV. A a

se perd dans la mer Adriatique en-delà du Pô, comme nous le verrons ci après.

DES VOLCANS DES CÔTES D'AFRIQUE ET D'ASIE. TRACES D'INCENDIES EN JUDÉE.

2000. Ces chaînes côtieres ont été si peu obfervées qu'on ne peut affigner de femblables faits, on trouve néanmoins des indices de volcans dans les ouvranges de vôyageurs. A Fez il exifte une caverne ignivome felon M. de Buffon. Sur les côtes d'Alger ont été obfervées des fôntaines d'eau chaude. Les montagnes de l'Arabie Petrée, dit Schaw, font vitrio-liques, fulfureufes & abondantes en bitume.

Les matieres brûlées fe manifeftent fur-tout dans la Judée : la mer Morte pro-duit quantité de bitume; il s'éleve fur les eaux des fumées abondantes : le lac eft environné de creux femblables, difent Schaw & Maundrell, à des fourneaux de chaux; on trouve fur les bords du foufre & du bitume : voilà des veftiges d'un feu fouterrein.

« Le Seigneur fit defcendre (*Genèfe,*
» *Chap. XIX, V. 24*), du Ciel fur So-
» dome & fur Gomorrhe une pluie de
» foufre & de feu, & il perdit ces villes
» avec tous leurs habitans; tout le pays
» d'alentour, avec ceux qui l'habitoient
» & tout ce qui avoit quelque verdure
» fur la terre. Abraham regardant So-
» dome & Gomorrhe & tout le pays d'a-
» lentour, vit des cendres enflammées
» qui s'élevoient de la terre comme la
» fumée d'une fournaife.... Lot eut peur
» d'y périr, s'il y demeuroit. Il fe retira
» donc fur la montagne ». On voit qu'elle
eft l'antiquité de ces feux : Schaw qui a
écrit dans ce fiècle, & qui a obfervé le
lac Afphaltide, a trouvé encore les mêmes objets ; ce foufre & la fumée exiftent ; l'activité & les ravages du feu
feulement ont diminué.

VOLCANS DE LA GRECE.

2001. La preuve la plus convaincante
de l'exiftence des volcans éteints fur les
côtes qu'on n'a pas encore examinées,

c'eſt la découverte de ceux de l'Archipel
par M. le Comte de Choiſeuil-Gouffier,
qui a eu le courage de braver les dan-
gers de toute eſpece pour donner un
chef - d'œuvre aux Savans & aux Ar-
tiſtes.

Tout l'eſpace actuellement rempli par
la mer entre Santorin & Theraſia (aujourd'hui Alphoniſi), dit M. le Comte
de Choiſeuil-Gouffier, faiſoit partie de
la grande île, ainſi que Theraſia elle-
même. Un immenſe volcan s'eſt allumé
& a dévoré toutes les parties intermédiaires. L'île de Thera a pris alors dans
cette partie la forme d'un croiſſant preſque formé par Theraſia. Je retrouve dans
toute la côte de ce Golfe, compoſée de
rochers eſcarpés, noirs & calcinés, les
bords de cet énorme foyer, &, ſi j'oſe le
dire, les parois internes du creuſet où
cette deſtruction s'eſt operée. Ces bords
élevés à plus de 300 pieds au-deſſus du
niveau de la mer ſont formés de laves,
de ponces, de granits fondus & vitrifiés :
mais ce qu'il faut ſur-tout remarquer,
c'eſt l'immenſe profondeur de cet abîme,

dont on n'a jamais pu réuſſir à trouver le fond avec la ſonde. Quelle eſt la hauteur des montagnes dont les ſommets forment aujourd'hui ces îles nouvelles, & quelle eſt l'activité des feux qui peuvent échauffer une maſſe d'eau ſi prodigieuſe? Ce fait ne détruit-il pas abſolument le ſyſtême des Naturaliſtes, qui placent le foyer du volcan dans le ſein même de la montagne, & au-deſſus du niveau de la terre?

Après avoir écrit l'Hiſtoire des éruptions des volcans du Santorin, l'Auteur dit que ce volcan eſt aujourd'hui dans une inaction qui n'eſt peut-être que le préſage des révolutions plus grandes encore. L'eau n'eſt plus chaude en aucun endroit, on n'y remarque même aucune exhalaiſon; on voit ſeulement ſortir une grande quantité de ſouffre & de bitume qui nagent ſur les eaux ſans ſe mêler, & les colorent diverſement ſuivant la nature & la quantité des matieres bitumineuſes qu'ils entraînent... Cette matiere huileuſe & diverſement colorée, dont la mer ſe couvrit dans ce Golfe de Santo-

rin pendant l'éruption de 1707, étoit
du bitume, du pétrole, de la naphte, du
soufre fondu, que le volcan vomissoit
de ses gouffres, tantôt par sa bouche
embrasée, tantôt par les ouvertures de
ses flancs, & au travers même des eaux
bouillantes de la mer.... Cette matiere
avoit une fluidité particuliere, tranquille
& différente de celle de l'eau, parce qu'en
effet elle se plaçoit à sa surface comme
de l'huile, & ne se mêloit point avec
elle.... La grande infection dont les habitans de Scaro furent si cruellement in-
commodés, qui noircissoit l'argent & le
cuivre, & qui détruisit les vignobles,
étoit visiblement la vapeur du soufre en
combustion, & les exhalaisons insuppor-
tables que le vent portoit de ce côté....
Les feux destructeurs que les volcans
renferment cherchant à se faire jour de
tous côtés, ouvrent dans les racines profondes de la montagne des soupiraux où
les eaux de la mer se jettent avec violence, des fleuves entiers tombent sur
un lac immense de matieres bouillantes:
il feroit inutile de vouloir décrire de

pareils événemens, il suffira de rappeller
qu'une goutte d'eau jettée dans un creu-
set rempli d'une substance en fusion,
produit une explosion redoutable. Souvent les volcans rejettent ces eaux avec
fureur, & l'on a vu plusieurs fois le Vésuve vomir au milieu de ses flammes,
des torrens d'eaux chaudes & salées. Tout
concourt à prouver que le foyer du volcan de Santorin est placé à une profondeur immense dans les entrailles de la
terre. J'ai déja dit qu'on ne trouvoit point
de fond dans tout ce golfe, ni même
dans les environs des bouches du volcan ;
mais quelque grande que puisse être
cette profondeur, le foyer où brûlent
ces feux éternels est encore bien plus
reculé ». *Voyage pittoresque de la Grèce*,
tome I, *seconde livraison.*

Quelques Nomenclateurs & quelques
Chymistes, occupés d'échantillons ou d'expériences factices, ont rappétissé jusqu'à
ce jour l'action & la force des volcans ;
mais peu-à-peu les Naturalistes avoue-
ront, d'après tant d'Observateurs, que
le feu des volcans est très-profond, &

qu'il ne peut être comparé à aucune opération des fourneaux de chymie : M. le
Comte de Choiſeuil-Gouffier a conclu
l'activité & la profondeur de leurs foyers
à l'aſpect d'une montagne à cratère, dont
la baſe eſt ſituée à des grandes profondeurs inconnues.

2002. Les volcans des continens très-
élevés prouvent la même vérité, ceux
du haut Coiron qui repoſent ſur de hautes roches calcaires, ont leur foyer bien
inférieur aux montagnes qui les ſuppor-
tent : ces montagnes ſont calcaires &
coupées à pic de tous côtés : or les roches calcaires expoſées à des feux les
plus violens, ne donnent point de lave,
le foyer eſt donc très-profond, il eſt
ſitué bien au deſſous de ces roches calcaires. Les volcans très-élevés, & les
volcans très-profonds, les volcans des continens & les volcans ſous-marins annoncent donc la même vérité.

2003. Des traces du feu ſe trouvent
de toutes parts dans la Grèce ; pluſieurs
îles, Lemnos, Skiros ſont de vieilles
montagnes ignivomes ; de ſorte qu'ils

continuent le fyftême de difperfion des volcans autour de la Méditerranée, & forment le fixieme groupe connu de volcans, & le premier groupe dont le feu agit au-dehors.

Le refte de la Turquie n'a point été obfervé ; mais les côtes de l'Etat de Venife ont été vifitées par MM. le Baron de Dietrich, Ferber, Defmareft. Voici le réfultat de leurs découvertes.

VOLCANS ÉTEINTS DE L'ETAT DE VENISE.

2004. Les chaînes infimes des Alpes en-delà du Pô, fchifteufes, fituées fous des roches calcaires, & formant les montagnes du Vicentin, du Padouan, du Veronnois dans l'Etat de Venife, font hériffées de volcans éteints. On trouve des laves ou des volcans à Vicenze, Brendola, Montcelefe, Gambelara, Radicofani, Terroffa, Tretto, &c. &c. Ces volcans font fitués ou forment les monts Euganiens qu'on doit confidérer comme le feptieme groupe connu des volcans qui environnent la Méditerranée.

VOLCANS ÉTEINTS DES MONTS APPENNINS.

2005. Ainsi, à mesure que la chaîne d'Espagne, des Corbieres de Provence se replie & se joint aux Appennins, à mesure que la chaîne opposée de l'Atlas, de l'Arabie Petrée, de la Turquie, des Etats de Hongrie, de l'Etat de Venise, se replie aussi & se joint aux mêmes Appennins pour ne faire ensemble qu'une seule chaîne & pénétrer vers le centre de la Méditerranée; de même les volcans éteint, suivent ces continens, & la chaîne côtiere qu'ils ne quittent plus jusqu'à l'Etna, centre de tous les feux : & plus ces contrées sont inondées d'eaux maritimes, plus les feux volcaniques ont d'activité & de force expulsive.

Les volcans du Boulonnois suivent de près ceux de l'Etat de Venise, ils n'en sont séparés que par la plaine du Pô, & sont le huitieme groupe connu.

Ceux de Toscane sont le Neuvieme.

Ceux Viterbe le dixieme.

Ceux de Rome le onzieme. A l'exception des collines de Montemario, & des environs de la porte du Peuple, tout le reste est un débris de vieux volcans antérieurs aux révolutions morales de la ville de Rome connues par l'Histoire, les célebres Catacombes sont creusées dans la lave appellé Tufa.

Les volcans qui environnent la Solfaterra forment le douzieme groupe connu, & le second agissant au-dehors.

Le Mont Vésuve enflammé, & ses environs, sont le treizieme groupe, & le troisieme enflammé.

Le Mont Etna enfin s'éleve en hauteur au-dessus de tous les autres, il occupe une espece de centre parmi tous les volcans, il est le plus enfoncé dans l'intérieur des mer, & forme le quatorzieme groupe central, & le quatrieme enflammé.

TOTAL des volcans en groupe. . . 14

TOTAL des volcans éteints isolés . . 41

RÉSULTATS.

2006. Il résulte de la disposition com-

parée des volcans du baſſin de la Méditerranée, & de la carte phyſique que
j'ai dreſſée, que la chaîne côtiere qui
environne la mer eſt hériſſée de vieux
volcans éteints, tantôt iſolés, tantôt par
paires & tantôt en groupes.

2007. Or il faut obſerver que les
groupes de volcans (ou, ce qui eſt le
même, la multiplicité de cratères voiſins)
font compoſés d'une bouche majeure qui
domine toutes les autres, ſoit en activité,
ſoit en maſſe; or ce volcan principal eſt
ſitué *ordinairement* vers le centre des autres qui l'environnent. Ainſi la chaîne
volcaniſée qui ſépare le Gévaudan du
Velay, eſt dominée par l'énorme bouche
du lac du Bouchet. En Auvergne les
volcans de ce magnifique théâtre du feu
ſemblent régis par ceux du Cantal. En
Vivarais ce fait ſe multiplie trois fois:
1°. le groupe des volcans du Coiron eſt
dominé par la vieille & immenſe gueule
du Chaud-Coulant, avoiſiné des volcans
de Fraiſſinet, de Fournas, de Combe-
Chaude, & autres bouches latérales &
ſubalternes : 2°. onze volcans à cratère

qui occupent le bas Vivarais & le fond des vallées semblent environner un volcan central, celui de Saint-Léger qui vomit des eaux gazeuses froides & des eaux gazeuses chaudes que j'ai palpées, des feux follet qu'on a observés, & des gas méphitiques qui s'en dégagent : 3°. le volcan de Mezin, montagne souveraine, régit par sa masse & sa hauteur tous les vieux volcans du pays supérieur appellé *la Montagne.*

2008. Dans les groupes de volcans éteints des continens, il existe donc un volcan intermédiaire qui domine tous les autres volcans du voisinage par son activité ou par sa masse.

2009. Dans les groupes de volcans allumés & maritimes, il existe aussi des bouches secondaires qui environnent la principale. Le Vésuve est entouré de monticules & de bouches ignivomes qui dépendent de l'activité souterreine du Vésuve, volcan central ; ses forces se subdivisent ainsi & forment à côté, d'autres volcans jusqu'à la distance de quatre milles, comme l'a observé M. le Chevalier Hamilton, ce qui forme le groupe ou faifceau de bouches ignivomes.

2010. L'Etna eft environné de même de volcans allumés ou éteints de Lipari, Stromboli, & de plufieurs autres.

2011. Tous les groupes connus de volcans éteints ou agiffans annoncent donc des bouche intermédiaires, dominantes, centrales, & des bouches latérales, fubalternes & dépendantes ; obfervation confirmée dans les continens, comme dans les îles & dans la mer, & que je vais rendre générale.

2012. La Géographie phyfique, & la pofition refpective de tous ces volcans, montrent en effet que tous ces volcans extramarins & ces volcans des îles, ces volcans ifolés & ces volcans en groupe, ces volcans allumés & ces volcans éteints, environnent un volcan intermédiaire ou central qui domine tous les autres en maffe, en activité, en force expulfive, qui occupe à-peu-près le centre de la Méditerranée, qui domine dans une île particuliere, & autour duquel tous les

volcans de la Méditerranée font difpo-
fés : c'eft l'Etna.

Il eft environné des volcans ifolés
ou des groupes allumés de l'Archipel,
du Véfuve, de la Solfaterra, de Stromboli, Lipari, &c.

2013. De forte que fi chaque groupe
particulier eft environné d'une bouche
majeure : l'Etna eft lui-même la bouche principale intermédiaire de tous les
groupes.

2014. L'Etna domine *en maſſe* tous ces
petits volcans latéraux environnans, il
s'éleve à deux mille toifes fur le niveau
de la mer fur une circonférence de foixante lieues.

2015. L'Etna domine tous ces volcans
en forces expulſives ; car le Chanoine
Rocupero dit que les maffes folides pro-
jettées par l'Etna employent 21 fecondes
pour s'élever & retomber ; tandis que
celles du Véfuve font expulfées & précipitées dans neuf fecondes feulement.
Voyage en Sicile, Tom. I, page 189.

2016. Il exifte donc parmi les volcans
de la Méditeraanée un volcan qui les

domine tous, par ses forces expulsives &
par la quantité de ses produits.

2017. Les résultats ne sont point encore épuisés, & la comparaison des masses
annonce une gradation de forces du
plus au moins depuis l'Etna, volcan
dominant, jusques aux volcans extra-ma-
rins en raison de la distance. Ainsi l'Etna,
volcan souverain par l'activité de ses
feux, est environné de volcans dont
l'énergie diminue à mesure qu'ils s'éloignent de lui ; & ces volcans immédiats
sont d'abord aussi considérables que le
Vésuve ; leurs cratères, dit M. Bridonne,
sont même beaucoup plus larges, & M. le
Chevalier Hamilton, qui les a représentés dans la XXXVI planche du tome II
de son ouvrage, dit que quelques-uns
sont à-peu-près de la hauteur du Vésuve.

2018. Ensuite succedent les groupes de
la seconde classe, ceux du Vésuve de la
Grece, de Rome, de Florence, de
Corse, &c.

2019. Enfin la chaîne de montagnes
extra-marines les plus éloignées ne contient que de très-petits volcans.

2020.

2020. L'Etna, bouche centrale, eft ainfi incomparablement plus confidérable en maffe, & en forces projectiles que fes bouches fecondaires environnantes.

2021. Ces bouches fecondaires, égales au Véfuve, font plus confidérables que les groupes de volcans éteints de Rome & de Florence, & ceux-ci font plus remarquables que les petits volcans du Padouan, d'Efpagne, de Provence & de Languedoc affis fur la chaîne côtiere.

2022. De forte que depuis le volcan majeur, intermédiaire & dominant de l'Etna élevé de deux mille toifes & d'une circonférence de foixante lieues, jufques aux volcans extramarins environnans (jufqu'à ceux de Languedoc, par exemple, qui n'ont pas une lieue de circonférence), on trouve une gradation du plus au moins, une diminution des maffes & des forces projectiles en raifon de la diftance.

2023. A ces obfervations joignons les vérités de réfultat que nous avons expofées ci-deffus (*1808 & fuiv.*), & rappellons-nous, 1°. que les laves des continens

Tom. IV. B b

& les laves fous-marines, les laves très-
élevées an-deſſus du niveau des mers, &
les laves des volcans fort bas, les laves de
l'Etna, du Véſuve & de Vivarais, les
laves des régions calcaires & des régions
granitiques, font analogues entr'elles,
que non-ſeulement elles font toutes fu-
ſibles, ferrugineuſes, attirables à l'aimant, étincellantes au coup de briquet,
&c.; mais encore qu'outre ces caractères
extérieurs, il eſt avéré que leurs produits chymiques ont une grande analogie, comme le démontroit dans ſes leçons
feu M. Rouelle (ainſi que l'atteſte M. le
Comte de Choiſeuil-Gouffier dans ſon
voyage de la Grece, ſeconde livraiſon).

2024. Rappellons-nous, 2°. que le feu
volcanique ne brûle pas comme nos feux
factices par le ſecours de l'air atmoſphérique; mais qu'il agit ſous les eaux de
la mer, & qu'il travaille ſous le Mont
Etna, ſitué vers le centre de la Méditerranée avec plus d'énergie que ſur les côtes
environnantes (1815).

2024. Rappellons-nous, 3°. que pendant le tremblement de terre de Liſ-

bonne, ville entourée de volcans éteints, les ofcillations fe firent fentir dans nos montagnes à cratère; on fait quelle analogie fe trouve entre les volcans & les tremblemens de terre, & quelle eft la profondeur des tremblemens terre & de la matiere des volcans. Et d'après ces vérités, ces obfervations & ces réfultats, pofons un réfultat plus général encore : établiffons, non un fyftême, mais une vérité, une définition du feu volcanique qui ne fera que le rapprochement de toutes les propriétés que nous avons reconnues dans ce feu.

CONCLUSIONS GÉNÉRALES ET DÉFINITION
DU FEU VOLCANIQUE.

2025. La matiere des volcans eft une fubftance ferrugineufe, vitreufe, incandefcente, brûlant dans les entrailles de la terre fans le concours de l'air extérieur atmofphérique; fe faifant jour à travers les couches diverfes de la terre comme à travers des tuyaux tranfpiratoires; déterminée à fortir par la répercution & le choc d'une grande maffe.

Bb 2

d'eau maritime contre la maffe incandefcente fouterreine, ce qui opére l'explofion (comme le contact de l'eau froide
& du métal fondu dans le fourneau) ;
active & douée par conféquent de forces expulfives, de forces de trépidation,
de forces de communication de tremblement de terre ; expulfant quelquefois
les eaux falées ou fangeufes de la mer
qui la touchent ; non éteinte, mais cou-
vée dans les fouterreins des continens
faute d'eau maritime ; manifeftée dans
ces régions par les vapeurs chaudes produit du feu, par le gaz produit de la
décompofition, par des eaux ferrugineufes produit de la décompofition du
fer des laves ; perçant au dehors à travers les terreins qui préfentent les moin-
dres obftacles ; fe fubdivifant en plufieurs bouches voifines , lorfqu'elle ne
peut foulever toute une montagne ; formant alors, à la longue, des groupes de
volcans ; continuant, dans les mers, de
vomir à travers les mêmes cratères déja
ouverts & plus aifés à parcourir ; n'agiffant plus au-dehors dans les continens

lorfque les eaux de la mer diminuent &
s'en retirent (*à moins que les fleuves ne*
suppléent aux eaux maritimes, mais ils
ne font point toujours fuffifans ; car la
quantité d'eau répandue par la mer dans
les laboratoires volcaniques eft quelquefois
fi énorme, qu'on a vu la mer reculer à
caufe de la quantité d'eau abforbée); jadis
plus active, 1°. parce que la mer couvroit une plus grande partie de terres ;
2°. parce que toute matiere fondue environnée de matieres froides s'éteint peu-
à-peu ; fe diftribuant par conféquent fur
la terre non par longitudes ni par latitu-
des, mais felon le baffin & le fyftême des
mers; s'offrant ainfi fous des afpects différens dans les environs de l'Océan & de
la Méditerranée ; multipliant les bouches ignivomes fur le revers de la chaîne
qui verfe dans la Méditerranée à caufe
du voifinage des eaux maritimes ; enfan-
tant des volcans plus rarement vers la
chaîne oppofée à caufe de l'éloignement
des eaux de l'Océan ; agiffant d'ailleurs
fous la ligne comme dans l'Iflande & dans
les Tropiques, parce que ce feu ne dé-

pend point du feu extérieur atmofphérique; n'éprouvant prefque jamais des éruptions contemporaines dans les divers volcans connus, parce que la force expulfive n'eft déterminée que par l'action externe de l'élément liquide maritime qui
opere l'explofion; éprouvant des éruptions après les tremblemens de terre,
parce que l'eau de la mer trouvant des
iffues ouvertes par les mouvemens tré-
pidatoires, combat avec l'élément enflammé

F I N.

Tandis qu'on livroit à l'impreffion cette derniere
feuille, un refpectable perfonnage m'a préfenté les quatre
phrafes fuivantes qu'il avoit foulignées dans un livre
nouveau où l'Auteur critique l'Hiftoire naturelle de la
France méridionale, & divers autres ouvrages.

Nous démontrerons, dit l'Auteur, *comment tout étoit
verre quand le feu embrafa la Nature*, pag. 333 . . . . .
*Nous efpérons démontrer que les anciennes cornes d'Ammon
font les véritables ancêtres de nos très-petits limaçons qui
viennent fur la terre*, pag. 336 . . . . *fomme de la durée
des quatre empires jufqu'à l'année préfente*, 356, 913,
750 années, pag. 342.

Croyez-vous, me dit le Prélat, que les montagnes
granitiques que vous appellez *vitreufes* font l'ouvrage du
feu? Que les cruftacées fe changent en d'autres cruftacées?
Dans quel Ouvrage trouve-t-on ces affertions? Ma réponfe fut conçue en ces termes:

1°. Jamais je n'ai écrit que les montagnes quartzeufes que j'ai appellées *vitreufes*, *vitriformes*, *vitrifiables*, fuffent l'ouvrage du feu. J'ai écrit au contraire, tome I, pag. 435, que le quartz eft la bafe des montagnes & roches granitiques; qu'il réfifte, pag. 436, à l'action du feu, que l'eau eft le véhicule à l'aide duquel il s'introduit (page 437) dans des troncs d'arbres, &c. qu'il agathife; qu'il eft d'origine aqueufe & fluide, que la *criftallifation* des quartz & des granits s'eft opérée par la voie aqueufe (page 413): J'appelle ces roches *vitreufes & vitrifiables*, parce que les Ouvrages de M. de Buffon, les feuls qui foient parvenus encore dans nos montagnes, leur ont donné ce nom : & j'ai écrit pour mes Compatriotes, défirant que mes obfervations puffent les éclairer fur la phyfique de nos montagnes. Les Savans n'ont pas été trompés dans mes dénominations; ils ont vu que j'ai dit, page 413, tome I, que *l'eau fut l'intermède à l'aide duquel les matieres quartzeufes reçurent leur* CRISTALLISATION. On appelle *criftal* de roche à Paris une fubftance qui n'eft ni verre ni autre matiere artificielle, comme on appelle en Vivarais les roches quartzeufes, *vitreufes ou vitriformes*; il n'eft pas permis de s'élever contre le terme quand on s'entend fur le fond des chofes, à moins de vouloir difputer fur des mots. .... J'ai dis & je penfe encore que le feu a dominé dans la formation de notre planète : mais il y a loin de ce premier travail à la formation des montagnes granitiques & calcaires, & je perfifte à dire qu'elles ont été *formées*, *criftallifées*, &c. &c. par l'intermède de l'eau avec toutes les modifications énoncées dans mes volumes fuivans.

2°. Le Critique a trompé le public fur l'antiquité qu'il dit que j'affigne aux montagnes : livré à lui fans réferve parce qu'il fe difoit mon ami & mon compatriote, je lui communiquai de vive voix mes calculs; il a publié ce fecret que je croyois confié à l'amitié, il a fupprimé les

396

preuves de mes fupputations, & falfifié mes dates, comme on le verra dans mes volumes fuivans en les comparant à celles de fon Livre.

3°. J'avoue que j'ai écrit un chapitre fur la dégénération des coquillages, ce chapitre, qui n'eft pas encore publié, devoit être compris dans le tome I de cet Ouvrage: le Fauffaire, qui en a gardé un exemplaire pendant deux mois, a abufé de la confiance qu'on avoit en lui pour en publier la Critique, pag. 336.

4°. Le Critique trouve mauvais que les Savans prennent des dates de leurs découvertes : s'il favoit ce qu'elles coutent! & ce que c'eft que la propriété en fait de fcience! auffi s'approprie-t-il, page 219, note I, une découverte que je lui avois communiquée, & qui n'a été publiée que dans le tome III de cet Ouvrage, page 112 & fuiv.

Il eft très-permis à toute perfonne de critiquer des livres; occupé de chofes pofitives & non de difputes polémiques, je ne fuis point dans le cas de répondre dans ce moment aux objections que peuvent occafionner mes vues & mes obfervations, & je remercie l'Auteur des critiques qu'il a voulu faire fur mon livre; mais je dois obferver ici que parmi les Nations religieufes & civilifées il n'exifte aucune loi qui permette d'être fauffaire, de trahir la bonne foi, de contrefaire le langage de l'amitié pour arracher un fecret & le publier, de livrer à l'impreffion le réfultat des converfations privées. Si l'Auteur avoit connu les Helviens, il eût prévu que dédaignant fes gentilleffes, ils ne pourroient lui paffer de manquer dans fes critiques de cette fierté de caractere & de cette bonne foi qui caractérifent ces Helviens dont il ofe fe dire le Compatriote. C'eft la réponfe que je fais à fa menace d'une feconde Critique réfervée pour fa feconde édition : en prouvant fes calomnies, je ne veux ni le nommer ni citer fa production: je lui laiffe ce foin, & ne lui promets pour l'avenir que des livres à critiquer.

Fin du Tome quatrieme.

TABLE
DES CHAPITRES.

CHAP. I. *Les excavations en forme de ravins & de vallées, creusées dans le vif des grandes coulées horisontales basaltiques, sont plus récentes que*

Tom. IV.   C c

FIN de la Table du Tome IV.

APPROBATION.

J'AI lu par ordre de Monseigneur le garde des Sceaux un Manuscrit intitulé : *Histoire naturelle de la France méridionale*, par M. l'Abbé GIRAUD-SOULAVIE. Cet Ouvrage, qui renferme les recherches & observations que l'Auteur a faites sur la Minéralogie dans une petite partie de notre globe, feroit desirer de pareilles entreprises pour la totalité, exécutées avec autant de clarté, de précision & de méthode. Ces variétés & ces changemens arrivés sur la surface du globe ne peuvent qu'inspirer de l'admiration au Lecteur dans ces révolutions de de la Nature qni résultent des loix établies par son Auteur ; &, comme rien ne peut mieux en démontrer la grandeur & la puissance, je crois que l'impression de cet Ouvrage ne peut être que très-utile. A Paris, ce 6 Mars 1781.

ROBERT DE VAUGONDY, Censeur Royal.

ERRATA DU TOME TROISIEME.

Page	Ligne	Lisez
17	4	empruntée.
24	22	espaliers.
31	15	convaincu.
38	5	contrées volcanisées.
49	1	l'exploitation des mines.
57	8	sorte d'argile rouge.
77	5	de Borée.
90	4	subsistance.
97	8	quartzeuse.
101	24	ne soient.
107	4	c'est au sommet de ce lieu coupé à pic &
120	15	*excelsa.*
120	17	*lacrymarum.*
120	19	*ascensione.*
120	23	*exinde.*
127	5	historiques, les époques.
145	13	la forme.
164	18	ont plus.
220	20	parties humides.
229	1	en même temps.
244	20	a opéré.
359	6	annonce cependant.

Voyez l'Errata de ce quatrieme volume dans le tome suivant sous presse.

Achevé d'imprimer pour la premiere fois le 20 Juin 1781.

www.ingramcontent.com/pod-product-compliance
Lightning Source LLC
Chambersburg PA
CBHW060949220326
41599CB00023B/3643